普通高等教育计算机类课改系列教材

数字逻辑实验技术

刘明志　邵彩幸　郭建丁　编著

西安电子科技大学出版社

内 容 简 介

本书配合数字逻辑类教材使用，以提升学生动手实践能力为目的，注重学生实际工程设计能力的培养。本书在编写中遵循由易到难的原则，兼顾实用性和趣味性，精心设计了“基础性实验”“综合性实验”和“设计性实验”3个层次的实验项目。每一个实验项目均包括详细的实验理论知识讲解、所用集成电路芯片功能和使用常识说明、实验装置和测试设备的使用方法训练、电路的工程设计技术和测量调试方法介绍。本书的一大特色是，将英国Lab Center Electronics公司的EDA工具软件Proteus引入数字逻辑实验中，给每个硬件实验配置相应的Proteus仿真示例，以方便学生更好地进行课前预习、实验分析和课后实验报告撰写。本书满足线上线下、课上课下、实验室内外实验形式的多元化混合式课程的要求。

本书可以作为高等院校计算机科学与技术、物联网工程、网络工程、电子类专业的实验教材及全国大学生电子设计竞赛的培训教材，也可以作为广大电子制作爱好者掌握EDA技术的自学用书。

图书在版编目(CIP)数据

数字逻辑实验技术 / 刘明志，邵彩幸，郭建丁编著. —西安：西安电子科技大学出版社，2021.3

ISBN 978–7–5606–5975–6

Ⅰ. ①数…　Ⅱ. ①刘…　②邵…　③郭…　Ⅲ. ①数字逻辑—实验　Ⅳ. ①TP302.2-33

中国版本图书馆CIP数据核字(2021)第013142号

策划编辑　高　樱　雷鸿俊
责任编辑　孟晓梅　雷鸿俊
出版发行　西安电子科技大学出版社(西安市太白南路2号)
电　　话　(029)88242885　88201467　　　邮　　编　710071
网　　址　www.xduph.com　　　电子邮箱　xdupfxb001@163.com
经　　销　新华书店
印刷单位　陕西天意印务有限责任公司
版　　次　2021年4月第1版　2021年4月第1次印刷
开　　本　787毫米×1092毫米　1/16　印张11.5
字　　数　269千字
印　　数　1～3000册
定　　价　35.00元
ISBN　978–7–5606–5975–6 / TP

XDUP 6277001–1

前　言

高等学校开设的“数字逻辑”课程是计算机类专业学生必修的一门专业基础课，是“计算机组成原理”“微机原理”“单片机”等多门课程的先导课程。本书是为计算机类中计算机科学与技术、物联网工程、网络工程和软件工程专业学生学习硬件与软件相结合的基础实验课程而编写的实验教材。电子信息工程类、通信类、自控类和其他相近专业的学生可以参考使用。

在本书编写的过程中，编者参照了教育部高等学校电子信息与电气学科教学指导委员会提出的课程教学基础要求，全书内容按照“数字逻辑实验技术基础→数字电路常用器件→实验环境→Proteus 仿真软件→集成逻辑门电路→组合逻辑电路→时序逻辑电路→混合电路→数字电路应用设计”的体系结构组织，关注实验本身之间的联系，按培养学生的能力层次精心设计和编排实验教学项目。本书从基础实验开始，针对每一个知识点设置基础性实验或验证性实验，注重前后实验知识的连贯性和综合运用；再进一步融合若干知识点设置综合性实验，重点培养学生综合运用知识的能力，形成“点—线—面”、先易后难、三位一体的实验教学体系结构，使学生能够快速掌握所学知识。

为适应电子技术的发展，本书打破传统教材体系结构，探索 EDA 技术的 Proteus 软件与数字电路实验的紧密结合，并在第 2 章介绍了仿真功能强大的 Proteus 软件。每一个实验均采用真实电路、虚拟仿真和虚实对比的编写思路，从而更好地将 EDA 技术与数字电路实验结合起来；将电路仿真渗透到具体的实验内容中，教学起点高，使学生能够更好地进行课前预习、课后复习，将所学知识融会贯通，更快地掌握数字逻辑实验技术的设计方法与实验技能。

本书所有实验均已在国家民委重点实验室“西南民族大学计算机系统实验室”进行了多年的实践。本书的编者是长期从事数字逻辑电路教学工作的一线教师，其中刘明志老师负责第 1 章、第 2 章和第 3 章的编写，邵彩幸老师负责第 4 章、第 5 章和第 6 章的编写，郭建丁老师负责第 7 章、第 8 章和第 9 章的编写。本书的编写得到了西南民族大学计算机科学与工程学院及诸多同仁的大力支持和帮助，在此表示感谢！

此外，需要说明的一点是，各章节“仿真实验”部分的字符标注与软件图中保持一致，未采用国家标准。

由于编者水平有限，本书中可能还存在不足之处，恳请广大读者批评指正。

编　者

2020 年 11 月于成都

目　录

第 1 章　数字逻辑实验技术基础

1.1　数字集成电路

1.1.1　概述

数字集成电路是以数字信号为处理对象，研究各输入与输出之间的联系，实现一定的逻辑关系的电路，数字集成电路是数字逻辑电路的芯片部分子集。在数字电路高度集成化的今天，充分掌握并正确使用数字集成电路来构成数字逻辑系统，已成为数字电子技术的核心内容之一。

数字逻辑电路实验中所用主要器材是半导体集成芯片。集成电路芯片将多个独立的电路单元集成于一体。按其规模大小，集成电路可分为以下 4 类。

(1) 小规模集成电路(SSI)：通常指含逻辑门数少于 10 门(或含元件数少于 100 个)的电路。它主要包括各种逻辑单元电路，如各种逻辑门电路、集成触发器等。

(2) 中规模集成电路(MSI)：通常指含逻辑门数为 10～99 门(或含元件数为 100～999 个)的电路。它主要包括各种逻辑功能部件，如编码器、译码器、数据选择/分配器、计数器、寄存器、算术逻辑运算部件、A/D 和 D/A 转换器等。

(3) 大规模集成电路(LSI)：通常指含逻辑门数为 100～9999 门(或含元件数为 1000～99999 个)的集成电路。

(4) 超大规模集成电路(VLSI)：在一片芯片上集成的元件数超过 10 万个，或门电路数超过万门的集成电路。

在数字逻辑实验技术课的实验中，一般使用的是中、小规模集成电路。

1.1.2　数字集成电路的分类

按已经成熟的集成逻辑技术进行分类，数字集成电路主要有 3 种：TTL 电路(晶体管-晶体管逻辑)、CMOS(互补金属氧化物-半导体逻辑)电路和 ECL(发射极耦合逻辑)电路。

1. TTL 电路

TTL 器件型号是以 74(或 54)作为前缀的，称为 74(民用产品)/54(军用产品)系列，譬如 74LS00、74F181、54S86 等。TTL 逻辑器件于 1964 年由美国德克萨斯仪器公司生产，其发展速度快，系列产品多，包括速度和功耗折中的标准型、改进的高速标准肖特基型和改进的高速及低功耗的肖特基型。所有的 TTL 电路的输入、输出均是兼容的，其引脚位置和功能完全相同。由于 TTL 器件在世界范围内应用极广，在数字逻辑实验教学中主要采用 TTL74 系列电路作为实验用器件，采用 +5 V 作为供电电源。

TTL 系列数字集成电路国产型号与国际型号对应表如表 1.1.1 所示(摘自《电子工程手册系列丛书》和《中外集成电路简明速查手册》)。

表 1.1.1　TTL 系列数字集成电路国产型号与国际型号对应表

国产型号	国际型号	分类名称
CT1000	54/74	标准(通用系列)
CT2000	54/74H	高速系列
CT3000	54/74S	肖特基系列
CT4000	54/74LS	低功耗肖特基系列

2. CMOS 电路

CMOS 电路的特点是功耗低，工作电源电压范围宽，工作速度快(可达 7 MHz)。CMOS 电路有 CC4000 系列、CC4500 系列和 54/74HC(AC)00 系列。其电源电压范围为 +3～+18 V。

3. ECL 电路

ECL 电路的最大特点是工作速度快。因为在 ECL 电路中数字逻辑电路形式上采用了非饱和型，消除了三极管的存储时间，大大加快了工作速度。如 MECL Ⅰ系列是由美国摩托罗拉公司于 1962 年生产的，后来又生产了改进型的 MECL Ⅱ、MECLⅢ型及 MECL10000。

ECL 电路虽然工作速度快，但其功耗大、抗干扰能力小，一般用于高速且干扰小的电路中。CMOS 电路静态功耗低，且电路简单、集成度高；HCMOS 在具备 CMOS 优势的同时速度有所提高，故目前在大规模和超大规模集成电路中应用广泛。TTL 介于两者之间，适用于工作频率不高而且不易损坏的情况。

1.1.3　数字集成电路外引脚的识别

数字集成电路器件有多种封装形式，如 DIP、SOP、SOIC、PLCC、TQFP、PQFP、TSOP、BGA 等。中、小规模集成电路常采用以下两种封装形式。

(1) 双列直插封装(Dual In-line Package，DIP)，也称 DIP 封装或 DIP 包装，简称为 DIP 或 DIL，是一种常用的集成电路封装方式。采用 DIP 封装的集成电路的外形为长方形，在其两侧有两排平行的金属引脚，称为排针。DIP 封装的元件可以焊接在印制电路板电镀的贯穿孔中，或是插在 DIP 插座(Socket)上。DIP 封装的元件一般简称为 DIPn，其中 n 是引脚的个数，如 14 针的集成电路称为 DIP14。实验中所用的 74 系列器件封装均选用双列直插式。图 1.1.1 所示是双列直插封装的示意图。

图 1.1.1　双列直插封装示意图

(2) 扁平封装(Small Out-Line Package，SOP)又称小外形封装，是一种很常见的元器件封装形式。扁平封装属于表面贴装型封装之一，其引脚从封装两侧引出，呈海鸥翼状(L 形)，如图 1.1.2 所示。

图 1.1.2　扁平封装示意图

扁平封装和双列直插封装集成电路引脚排列规律为：将文字符号标记正放(器件一端有一个半圆缺口或有一个圆点，这是正方向的标志。将圆点或缺口置于左方)，由顶部俯视，IC 芯片的引脚序号是以此圆点或半圆缺口为参考点定位的，缺口左下角的第一个引脚编号为 1，其余引脚编号按逆时针方向依次增加，如图 1.1.3 所示。图中的数字表示引脚编号。DIP 封装的数字集成电路引脚数有 14、16、20、24、28 等多种。

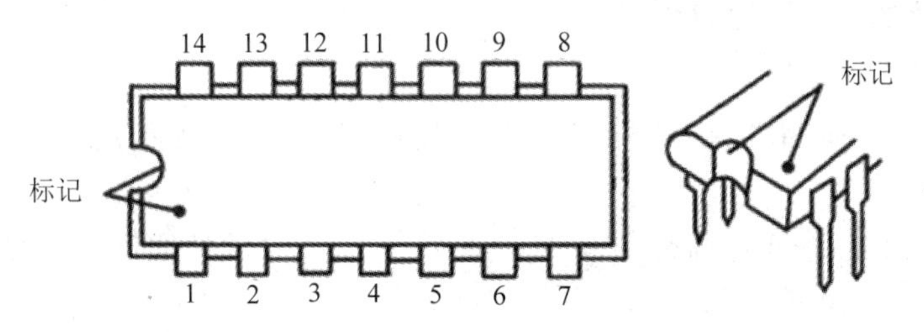

图 1.1.3　集成电路外引脚的识别

使用集成电路前，用户必须认真查对集成电路的引脚，确认电源、地、输入、输出、控制等端的引脚号，以免因错接而损坏器件。74 系列器件一般右下角的最后一个引脚是 GND，右上角的引脚是 U_{CC}。如图 1.1.4 所示，14 引脚器件中引脚 7 是 GND，引脚 14 是 U_{CC}；而对于 16 引脚器件，其 8 引脚是 GND，16 引脚是 U_{CC}。

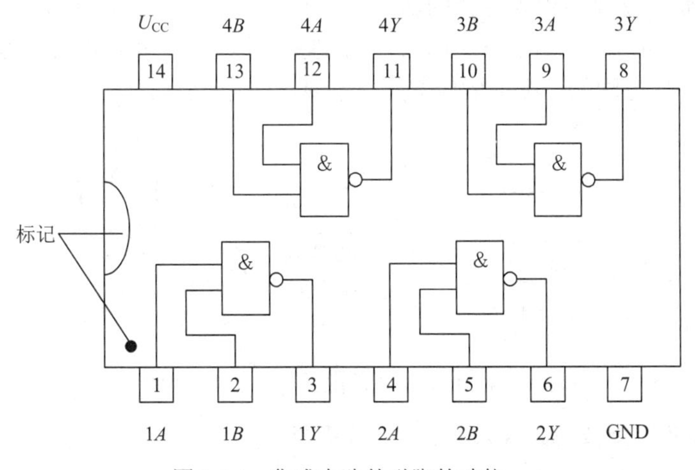

图 1.1.4　集成电路外引脚的功能

1.1.4　数字集成电路使用注意事项

1. TTL 数字集成电路工作条件

1) 推荐工作条件

(1) 电源电压 U_{CC}：+5 V。

(2) 工作环境温度：54 系列，−55～125℃；74 系列，0～70℃。

2) 极限参数

(1) 电源电压：7 V。

(2) 输入电压 U：54 系列，5.5 V；74LS 系列，7 V。

(3) 输入高电平电流 I_{iH}：20 μA。

(4) 输入低电平电流 I_{iL}：−0.4 mA。

(5) 最高工作频率：50 MHz。

(6) 每门传输延时：8 ns。

2. TTL 数字集成电路使用须知

1) 电路外引线的连接

(1) 在使用 TTL 电路时，不能将电源和地线颠倒错接，否则将引起很大的电流，从而损坏电路。

(2) 电路的各输入端不能直接与高于 +5.5 V 和低于 −5.5 V 的低内阻电源连接，因为低内阻电源能提供较大的电流，从而烧坏电路。

(3) 不允许将具有推拉输出结构的普通 TTL 门电路并联使用，只有三态门和 OC 门可以并联使用。

(4) 不允许将 TTL 电路的输出端与低内阻电源直接相连，但允许 TTL 电路的输出端瞬间接地。

2) 多余输入端的处理方法

TTL 电路输入端难免出现悬空的情况，即有多余输入端，而 TTL 电路的输入端悬空相当于接高电平。在实际使用时多余端不能悬空，以防干扰信号从悬空的输入端引入。通常把多余输入端接电源的正端或固定高电平，或者并联使用，如图 1.1.5 所示。

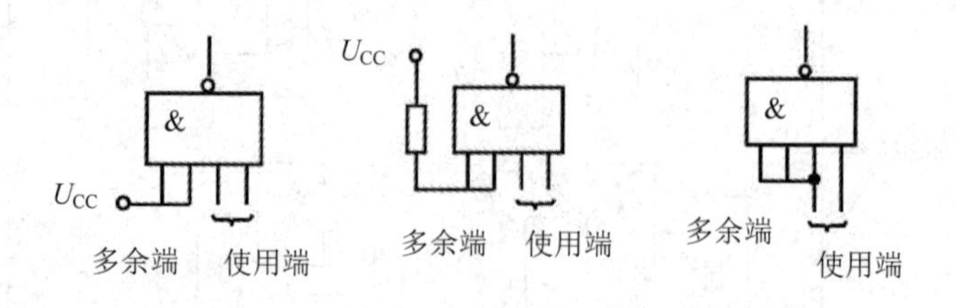

图 1.1.5　TTL 集成电路外引脚多余端的处理

3. CMOS 数字集成电路 4000 系列工作条件

4000 系列 CMOS 数字集成电路推荐工作条件如下：

(1) 电源电压范围：A 型，3～15 V；B 型，3～18 V。

(2) 工作温度：陶瓷封装，−55～+125℃；塑料封装，−40～+85℃。

(3) 极限参数：电源电压 U_{DD}，−0.5～20 V；输入电压 U_{aa}，−0.5～+0.5 V。

(4) 输入电流 I：10 mA。

(5) 允许功耗 P_d：200 mW。

4. CMOS 数字集成电路 4000 系列使用须知

CMOS 电路的输入端悬空可能是高电平，也可能相当于低电平。由于 CMOS 的输入阻抗高，输入端悬空带来的干扰很大，会引起电路的功耗增大和电路误动作，导致逻辑混乱，易使栅极感应静电。栅极感应静电后易造成栅极击穿。因此，对于 CMOS 电路，输入端不允许悬空。多余输入端必须接 U_{DD} 或接地，以免引起电路损坏，如图 1.1.6 所示。

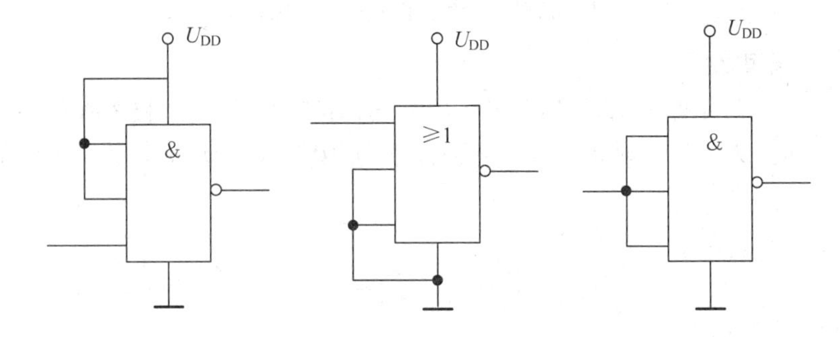

图 1.1.6　CMOS 集成电路外引脚多余端的处理

1.2　数字逻辑电路实验系统 TDX-DS 的组成和使用

数字逻辑电路实验系统 TDX-DS 是应用于“数字逻辑实验”课程的专业教学平台。该实验系统具有模块化、开放性的特点，它将数字电路实验专用测量分析仪器、完全开放的实验电路平台、高品质信号源集成在一个实验箱中，全面支持数字电路及数字系统设计课程的所有基础实验及设计性、综合性实验，可满足不同学校、不同专业、不同学时的数字电路实验教学要求。TDX-DS 实验系统面板正面印有清晰的图形线条、字符，其功能一目了然，接线直观方便。

1. 电源总开关(POWER ON/OFF)

实验箱的后方设有带保险装置的 220 V 单相交流电源三芯插座，左上方配置电源总开关。

2. 稳压电源

实验箱可提供 +5 V / 2 A 和 ±12 V / 0.5 A 两种稳压电源，具有抗短路、抗过流的安全保护功能。针对 TTL 电路和 CMOS 电路，系统使用的数字逻辑集成电路器件的工作电压有所不同，应注意甄别，从而避免实验过程中因接线失误而导致的芯片或整机损坏情况。

3. 逻辑电平显示单元

逻辑电平显示单元共提供 16 组发光二极管作为电平显示，分别为 VD0～VD15，以监视逻辑电路的逻辑功能。高电平时灯亮，低电平时灯灭。其中 8 组电路如图 1.2.1 所示。

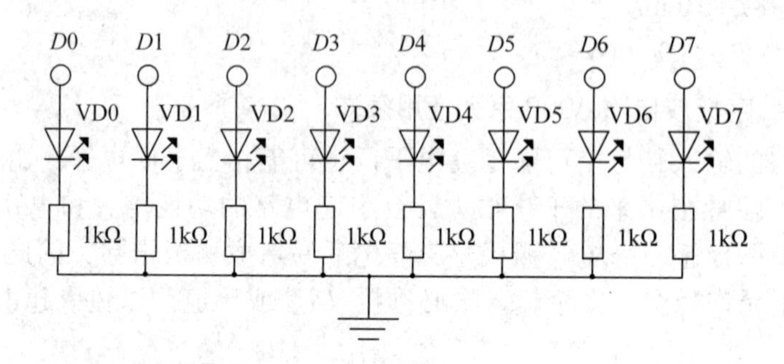

图 1.2.1　逻辑电平显示单元电路

4. 电子开关单元

逻辑电平开关单元提供 16 组拨动开关(S0～S15)和对应发光二极管(VD0～VD15)作为显示灯，开关拨上为“1”，显示灯亮；开关拨下为“0”，显示灯灭。其中 1 组的电路如图 1.2.2 所示。

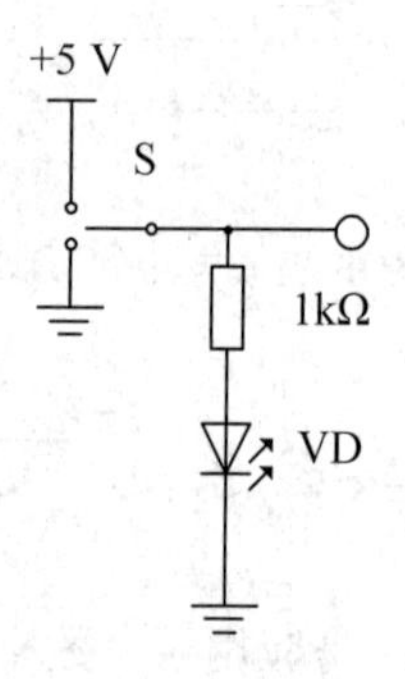

图 1.2.2　逻辑电平开关单元电路

5. 单次脉冲单元

单次脉冲单元提供两个单脉冲触发器，由与非门和微动开关等构成两路 RS 触发器；输出分为上跳和下跳，分别以“+”和“−”表示。其电路如图 1.2.3 所示。

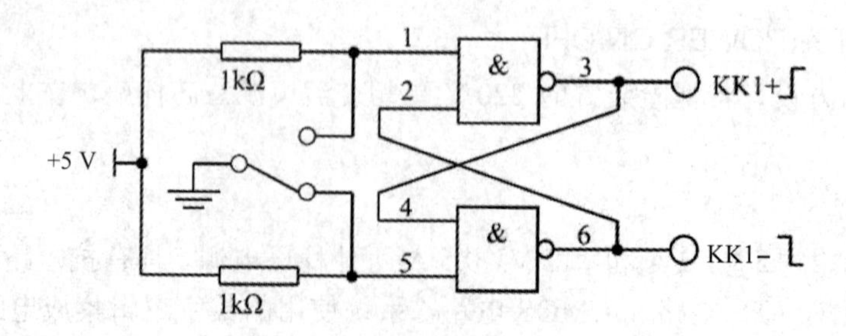

图 1.2.3　单次脉冲单元电路

6. 连续脉冲单元

连续脉冲单元提供 1 Hz、10 Hz、100 Hz、1 kHz、10 kHz、100 kHz、1 MHz 共 7 种频率的脉冲。其电路如图 1.2.4 所示。

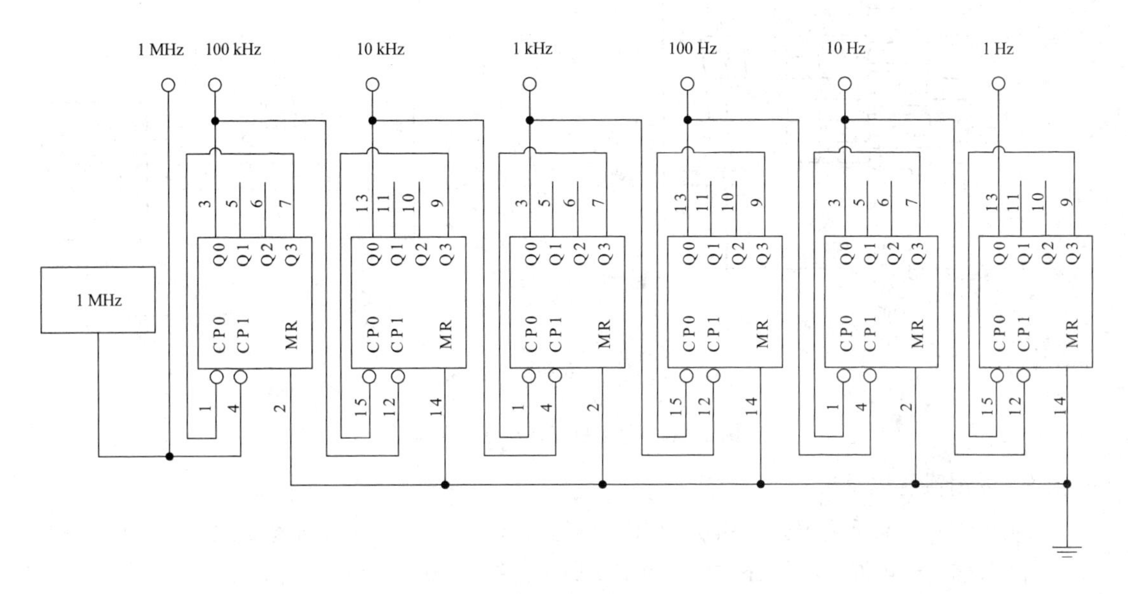

图 1.2.4　连续脉冲单元电路

7. 可调连续脉冲单元

可调连续脉冲单元提供 100 Hz～100 kHz 连续可调脉冲，分两挡，由开关选择，输出频率由电路中电位器调节。其电路如图 1.2.5 所示。

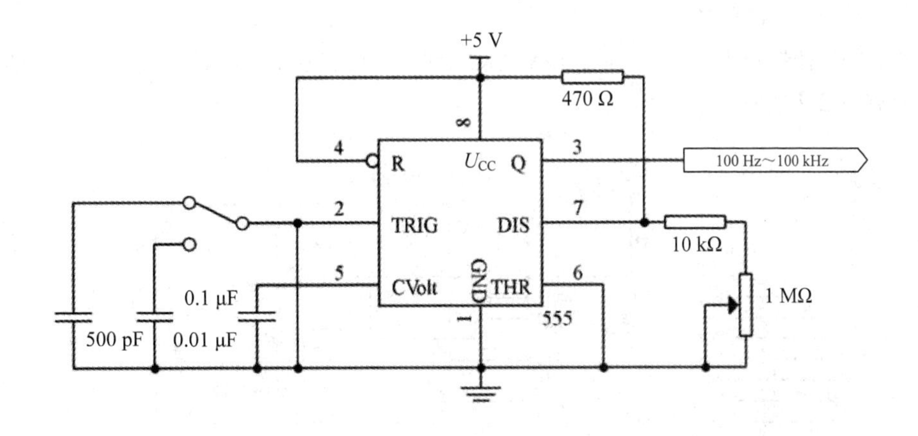

图 1.2.5　可调连续脉冲单元电路

8. 数码管显示单元

七段数码管显示单元提供 3 组 2 位共 6 个七段数码管显示器，其中 2 组带 BCD 译码。a、b、c、d、e、f、g、dp 为数码管 8 个引出端，D、C、B、A 为译码器输入端，SEG 为数码管选择位，低电平有效。

图 1.2.6(a)是没有配置 CD4511 译码器的 1 组 2 个数码管的电路，图 1.2.6(b)是配置了 CD4511 译码器的 2 组 4 个数码管的电路。

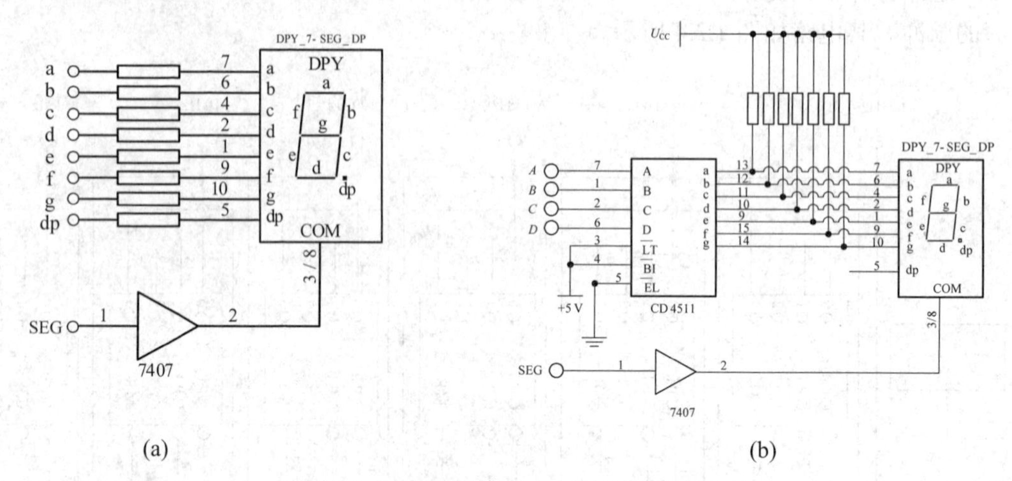

图 1.2.6　七段数码管显示单元电路

9. 通用实验区单元

通用实验区单元采用开放引脚的 IC 座形式，使用圆孔型双列直插式 IC 座。其中包括 1 个 8 脚、4 个 14 脚、4 个 16 脚、2 个 20 脚、1 个 28 脚、1 个 40 脚。

10. 元器件单元

元器件单元提供数字电路实验中常用的一些元器件，包括 3 个电位器(10 kΩ、47 kΩ、470 kΩ)，8 个电阻器(470 Ω、1 kΩ(2)、4.7 kΩ、10 kΩ(3)、470 kΩ)，8 个电容器(30 pF(2)、1000 pF(2)、0.01 μF、0.1 μF、1 μF、22 μF)，2 个二极管 IN4148，1 个蜂鸣器。

11. 数/模转换器单元

数/模转换器单元由 D/A 转换器 DAC0832 和 LM324 芯片构成，用来做数/模转换实验。其电路如图 1.2.7 所示。

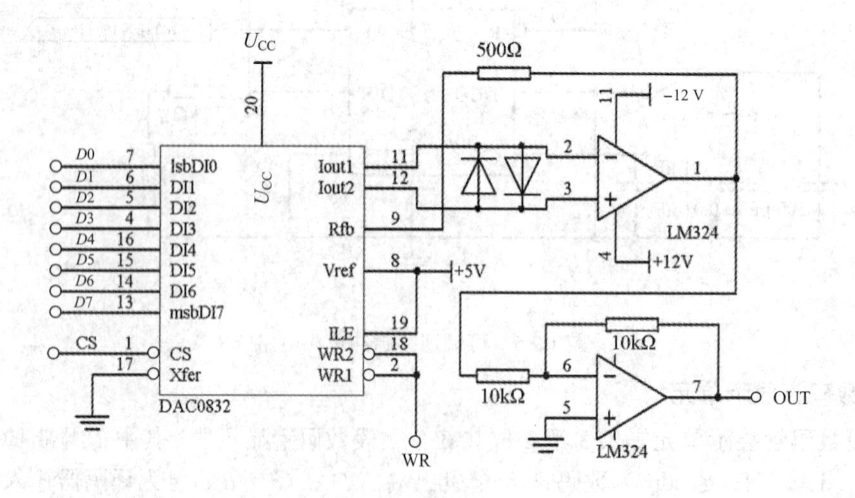

图 1.2.7　数/模转换器单元电路

12. 模/数转换器单元

模/数转换器单元由 A/D 转换器 ADC0809 芯片构成，用来做模/数转换实验。其电路如图 1.2.8 所示。

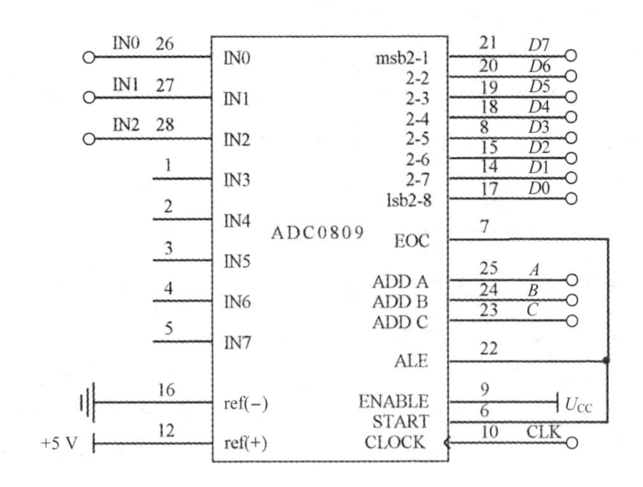

图 1.2.8　模/数转换器单元电路

13. 静态存储器单元

静态存储器单元提供一片静态存储器 6116，用来做静态存储器实验。其电路如图 1.2.9 所示。

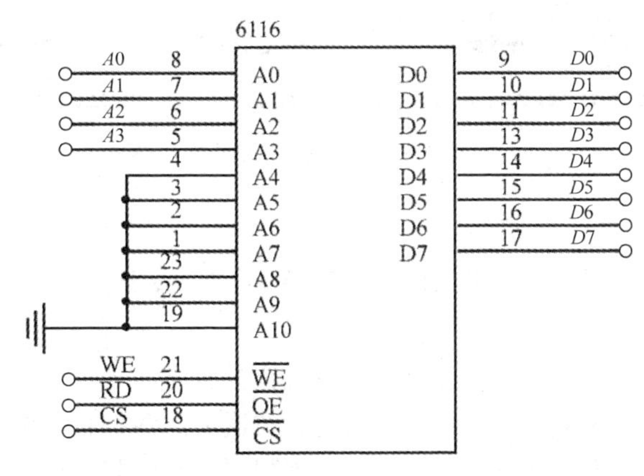

图 1.2.9　静态存储器单元电路

14. 逻辑笔单元

逻辑笔单元提供测量逻辑信号电平高低的功能。测量时，用探笔接触被测信号，若信号为高电平，则红灯亮；若信号为低电平，则绿灯亮。

15. 专用测量与分析仪器

专用测量与分析仪器采用液晶显示、屏幕触控及滚轮操作，实验结果可由 U 盘输出。该仪器包括逻辑笔三态观测仪、逻辑状态观测仪、逻辑分析仪、码型信号发生器、数字存储示波器等，可全方位地满足数字逻辑电路各种测量与分析的需求，提高了实验效率。

16. 扩展板

扩展板采用通用实验电路和专用实验电路相结合的电路构造方式，具有良好的开放性和可扩展性，可支持基本电路实验和课程设计，用户可在其上进行自主设计性实验和开发，完成课程设计和毕业设计。完善的扩展板选配件包括：

(1) 可选配通用扩展实验板，支持数字电路课程设计。

(2) 可选配 CPLD 扩展板，支持基于 EDA 的数字系统设计实验。

(3) 可选配 FPGA 开发板，支持基于 EDA 的数字系统设计实验。

实验箱布局图如图 1.2.10 所示。

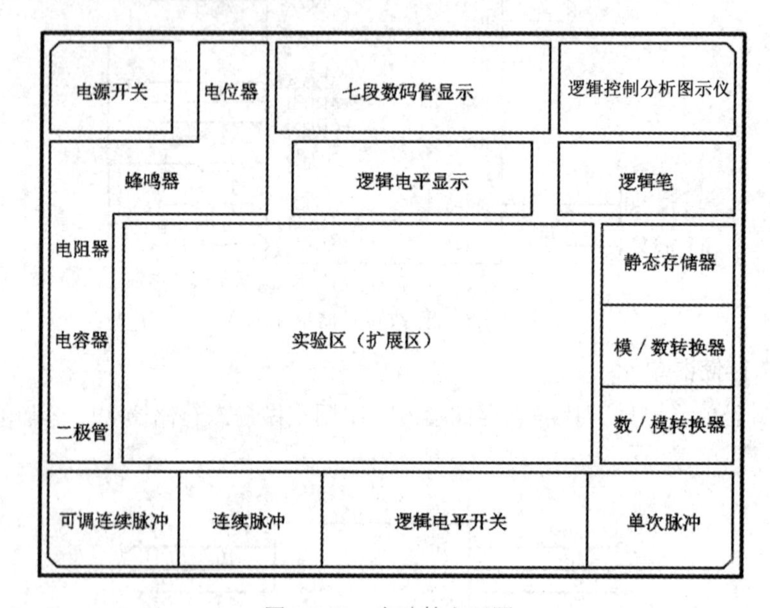

图 1.2.10　实验箱布局图

1.3　数字荧光示波器的使用

示波器的基本功能是将电信号转换为可以观察的视觉图形，以便人们观测。若利用传感器将各种物理参数转换为电信号，则可利用示波器观测各种物理参数的数量和变化。数字示波器首先将被测信号采样和量化，变为二进制信号存储起来，再从存储器中取出信号的离散值，通过算法将离散的被测信号以连续的形式在屏幕上显示出来。

1.3.1　数字荧光示波器 UPO7000Z

数字荧光示波器 UPO7000Z 是一种小巧、轻便的多通道示波器，其外观如图 1.3.1 所示。UPO7000Z 系列是具有 2/4 个模拟通道、70～200 MHz 带宽、1 GS/s 采样率的通用数字荧光示波器。其存储深度高达 28 Mpts(各通道同时打开)，波形捕获率达 50 000 wfms/s，独立时基可调，具有丰富的高级触发及总线解码功能以及丰富的外围接口。UPO7000Z 向用户提供了简单而功能明晰的前面板，可以进行所有的基本操作。

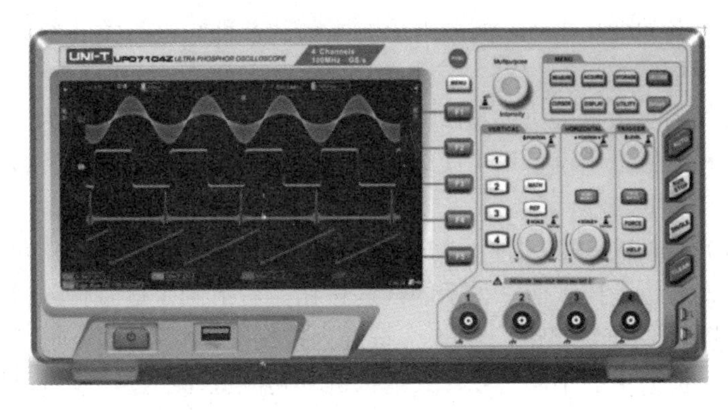

图 1.3.1　数字荧光示波器 UPO7000Z

1. UPO7000Z 的主要技术参数

(1) 垂直系统：

频带宽度：70～200 MHz；

垂直灵敏度：1 mV/div～20 V/div(1 MΩ)；

垂直分辨率：8 bit；

输入阻抗：(1 MΩ ± 2%)//(20 pF ± 3 pF)；

输入耦合：直流、交流、接地；

波形录制：最多可以录制 6.5 万帧波形数据；

自动测量：最大值、最小值、峰峰值、顶端值、底端值、幅值、周期平均值、平均值、中间值、周期均方根、均方根值、过冲、预冲、频率、周期、上升时间、下降时间、正脉宽、负脉宽、正占空比、负占空比、延迟 A→B、相位 A→B、面积、周期面积；

测量数量：可同时显示 5 种测量量。

最大输入电压：CAT Ⅰ 300 V(有效值)，CAT Ⅱ 100 V(有效值)，瞬态电压 1000 V(峰值)；

上升时间：小于 5 ns。

(2) 水平系统：

实时采样率：2 GS/s(单通道)，500 MS/s(双通道)，250 MS/s(四通道)；

时基范围：5 ns/div～50 s/div。

(3) 触发：

触发模式：边沿、脉宽、欠幅、超幅、N 边沿、超时、持续时间、建立/保持、斜率、视频、码型、RS232/UART、I^2C、SPI。

时基精度：$\leqslant \pm(50 + 2 \times$ 使用年限$) \times 10^{-6}$；

触发模式：自动、正常、单次。

(4) 标准信号输出：$f = 1$ kHz，$U_{pp} = 3$ V(方波)。

(5) 存储深度：28 Mpts(每通道)。

(6) 接口：USB Device，USB Host，LAN，AUX OUT。

2. UPO7000Z 的前面板

数字示波器是一种普及的电子测量仪器。用户掌握了数字示波器的使用之后，能轻松获得各种电信号形成的波形，进而观测不同电信号随时间变化形成的波形曲线。此外，数字示波器还有许多其他使用方法，例如用示波器测试各种与电相关的参数，如电压、电流、频率、相位差、调幅度等。

数字示波器作为集数据采集、A/D 转换、软件编程等一系列技术为一体的产品，已经成为设计、制造和维修电子设备不可或缺的工具。作为工程师的眼睛，数字示波器在日常工作中的作用至关重要。

数字荧光示波器 UPO7000Z 前面板如图 1.3.2 所示，其界面可以分为 3 大部分，左边是信息显示区域，右边是控制信息显示的一些按钮，右下侧是信号输入接口。前面板上包括旋钮和功能按键。显示屏右侧的一列 5 个按键为控制菜单软键(自上而下定义为 F1～F5)，这些键可以设置当前菜单的不同选项，其他按键为功能键，通过功能键可以进入不同的功能菜单或直接使用特定的功能。

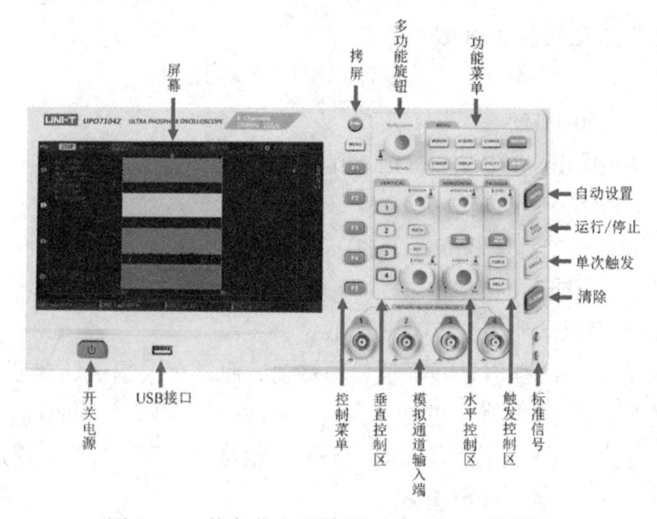

图 1.3.2　数字荧光示波器 UPO7000Z 前面板

数字荧光示波器 UPO7000Z 显示界面如图 1.3.3 所示。

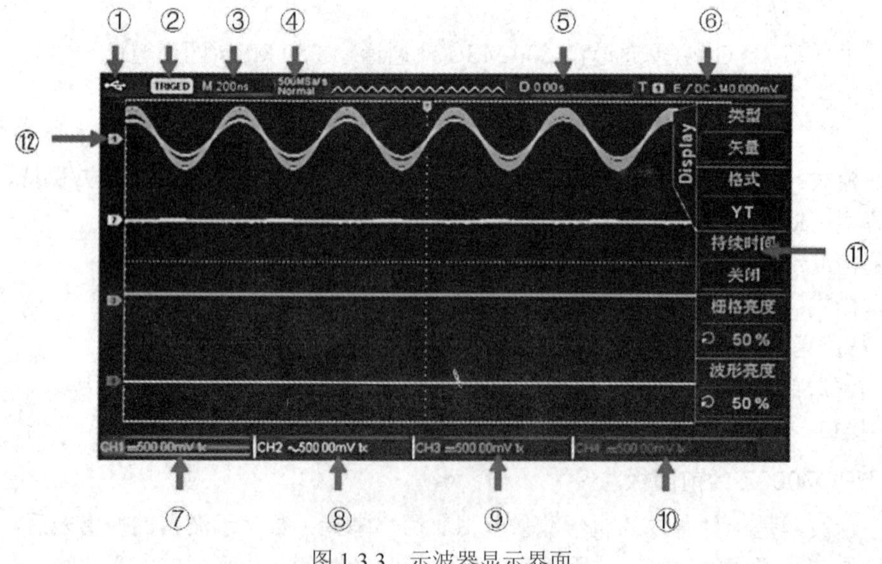

图 1.3.3　示波器显示界面

示波器显示界面上各部分含义如下：

① ——USB DEVICE 接口标识：在 USB DEVICE 接口连接上 U 盘等 USB 存储设备时显示此标识。

② ——触发状态标识：包括 TRIGED(已触发)、AUTO(自动)、READY(准备就绪)、STOP(停止)、ROLL(滚动)。

③ ——时基挡位：表示屏幕波形显示区域水平轴上一格所代表的时间。使用示波器前面板水平控制区的 SCALE 旋钮可以改变此参数。

④ ——采样率/获取方式和存储深度：显示示波器当前挡位的采样率和存储深度。

⑤ ——水平位移：显示波形的水平位移值。调节示波器前面板水平控制区的 POSITION 旋钮可以改变此参数，按下水平控制区的 POSITION 旋钮可以使水平位移值回到 0。

⑥ ——触发参数：显示当前触发源、触发类型、触发斜率、触发耦合、触发电平等触发状态。

触发源：有 CH1～CH4、市电、EXT、EXT/5 共 7 种状态。其中 CH1～CH4 会根据通道颜色的不同而显示不同的触发状态颜色。例如图 1.3.3 中显示内容表示触发源为 CH1。

触发类型：有边沿、脉宽、视频、斜率、高级触发。例如图 1.3.3 中显示内容表示触发类型为边沿触发。

触发斜率：有上升、下降、上升下降 3 种。例如图 1.3.3 中显示内容表示上升沿触发。

触发耦合：有直流、交流、高频抑制、低频抑制、噪声抑制 5 种。

触发电平：显示当前触发电平的值，对应波形右侧的箭头按钮。调节示波器前面板触发控制区的 LEVEL 旋钮可以改变此参数。

⑦ ——通道设置：

通道耦合：包括直流、交流、接地。

带宽限制：当带宽限制功能被打开时，会在 CH1 垂直状态标识中出现一个 BW 标识。

垂直挡位：显示 CH1 的垂直挡位，在 CH1 通道激活时，通过调节示波器前面板垂直控制区(VERTICAL)的 SCALE 旋钮可以改变此参数。

探头衰减系数：显示 CH1 的探头衰减系数，包括 0.001×、0.01×、0.1×、1×、10×、100×、1000×。

⑧ ——CH2 垂直状态标识：参考⑦CH1 垂直状态标识。

⑨ ——CH3 垂直状态标识：参考⑦CH1 垂直状态标识。

⑩ ——CH4 垂直状态标识：参考⑦CH1 垂直状态标识。

⑪ ——操作菜单：显示当前操作菜单内容。按相应按键可以改变操作菜单。按 F1～F5 键可以改变对应位置的菜单子项的内容。

⑫ ——通道标识：不同通道用不同的颜色表示，通道标识和波形线的颜色一致。

1.3.2 UPO7000Z 使用快速入门

用户使用前要先将信号接入示波器，注意接入信号的幅值不要超过示波器的量程。

1. 示波器上两个按键的使用

(1) AUTO(自动设置功能)键：按下该键，示波器会按被测信号的情况自动显示信号，并根据输入的信号自动调整垂直刻度系数、扫描时基以及触发模式，直至显示出最合适的波形。

示波器的“触发”就是使示波器的扫描与被观测信号同步，从而显示稳定的波形。在自动模式下，不论触发条件是否满足，示波器都会开始扫描，可以在屏幕上看到有变化的扫描线，这是这种模式的特点。

UPO7000Z 系列数字荧光示波器可以自动测量 34 种参数，按示波器前面板功能菜单键中的 MEASURE 键可进入自动测量菜单。

(2) RUN/STOP(运行/停止)键：按下该键，可在“运行”和“停止”波形采样间切换。运行(RUN)状态下，该键绿色背光灯点亮；停止(STOP)状态下，该键红色背光灯点亮。

2. 数字示波器信号显示控制

用户将 CH1 的探头连接到电路被测点后，按下 AUTO 键，示波器将自动调整设置，使波形显示达到最佳。在此基础上，用户可以进一步手动调节垂直、水平控制按钮。

(1) 水平控制按钮(HORIZONTAL)的操作：HORIZONTAL 菜单可改变水平刻度和波形位置。屏幕水平方向上的中心是波形的时间参考点，调节该按钮可使波形左右移动。

(2) 垂直控制按钮(VERTICAL)的操作：该按钮可显示波形、调节垂直标尺和位置，以及设定输入参数，每个通道需要单独调节。调节该按钮可使波形上下移动。

3. 数字示波器显示波形频率

如果是测量参数，则先按示波器前面板功能菜单键中的 MEASURE 键进入自动测量菜单，然后按 F1 键选择好需要测量的信源，此时按 F3 键则弹出用户定义参数选择界面，如图 1.3.4 所示。通过 MULTIPURPOSE 旋钮调节需要的参数，并按下 MULTIPURPOSE 旋钮进行确定。每个被选定的参数前面会出现一个“*”符号。如果要让示波器显示波形频率，选定“频率(Freq)”即可。选定好要显示的参数后，再次按 F3 键可以关闭用户定义参数选择界面，之前选定好的参数则会显示在屏幕底端，方便即时查看这些参数的自动测量结果。

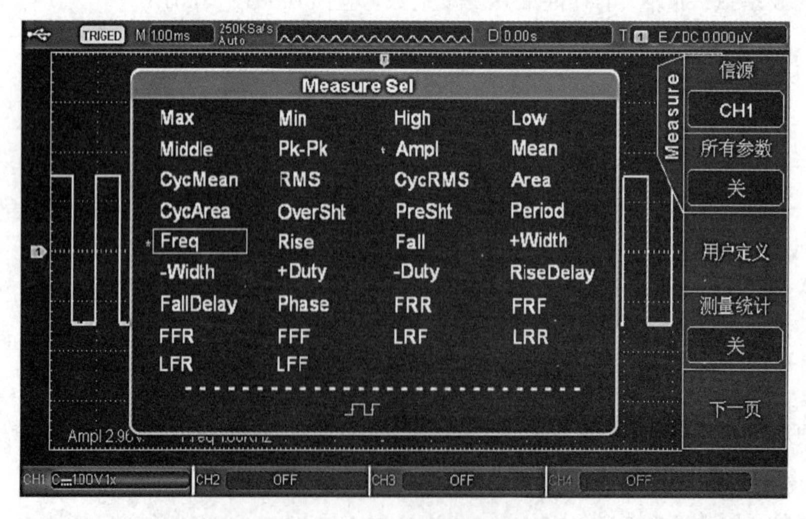

图 1.3.4　用户定义参数选择界面

测量所有参数的方法：按示波器前面板功能菜单键中的 MEASURE 键进入自动测量菜单，然后按 F1 键选择好需要测量的信源，即可进入该信源的测量。此时可按 F2 键，则弹出所有参数显示界面，从而实现一键测量 34 种参数。

1.3.3　UPO7000Z 使用注意事项

使用 UPO7000Z 时有以下一些需注意的事项：

(1) 为了避免电冲击对示波器造成损伤，在输出及输入端进行电气连接前要保证示波器电源线用三相插头良好接地(即接实验室的地线)。

(2) 有源探头使用前要先进行幅度校准，避免用手直接触摸探头，以免对被测信号造成影响。

(3) 探头的地线不要悬空。探头地线只能接电路板上的地线，不可以搭接在电路板的正、负电源端。探头地就近接被测信号的地。

(4) 探头探针就近接被测信号引脚。信号的幅度不要超过探头和示波器的安全幅度，以免造成损坏。

(5) 不允许在探头还连接着被测试电路时插拔探头，以免对示波器和探头造成损伤。

1.4　数字逻辑电路实验的一般要求

数字集成电路的出现，特别是大规模集成电路的出现给数字电路带来了新的问题。实验是“数字逻辑电路”课程重要的教学环节，实验不仅能让学生巩固和加深理解所学的数字电子技术知识，更重要的是能引导学生建立科学实证思维，掌握基本的测试手段和方法，并在电平检测、波形测绘、数据处理方面打牢基础。为充分发挥学生的主观能动作用，促使其独立思考、独立完成实验并有所创新，我们对实验前、实验中和实验后分别提出如下基本要求：

1. 实验前的要求

(1) 认真阅读实验指导书，明确实验目的、要求，理解实验原理。

(2) 熟悉实验电路及集成芯片，会读元器件的引脚图。

(3) 熟悉实验中用到的仪器设备、电脑、软件、实验箱及其他实验室仪器仪表的使用。

(4) 拟出实验方法和步骤，设计实验表格。完成实验指导书中有关预习的相关内容，并且预先拟订好实验步骤。

(5) 初步估算(或分析)实验结果(包括各项参数和波形)，写出预习报告。

2. 实验中的要求

(1) 参加实验者要自觉遵守实验室规则。

(2) 实验期间，面板上要保持整洁，不可随意放置杂物，特别是导电的金属工具和导线等，以免发生短路等故障。

(3) 使用前应先检查各电源是否正常。先关闭实验箱的所有电源开关，然后用随箱的三芯电源线接通实验箱的 220 V 交流电源。开启实验箱的电源总开关(ON)，电源指示灯亮。

(4) 接线前务必熟悉实验板上的各组件、元器件的功能及其接线位置，特别要熟知各集成块插脚引线的排列方式及接线位置，检查集成芯片的好坏。熟悉集成电路芯片的引脚功能及其排列方式。

(5) 实验接线前必须先断开总电源与各分电源开关，严禁带电接线、拆线或改接线路和插拔集成电路。先连线再上电，先断电再拆线。

(6) 实验箱主电路板上所有的芯片出厂时已全部经过严格的检验，因此在做实验时切忌随意插拔芯片。

(7) DIP 封装的器件有两列引脚，两列引脚之间的距离能够作微小改变，但引脚间距不能改变。将器件插入实验平台上的插座(面包板)或从其上拔出时要小心，不要将器件引脚搞弯或折断。

(8) 连接电路前先用万用表“欧姆挡”测试导线的通断。也可以用 +5 V 电源通过导线连接到输出逻辑电平，检查显示灯是否能点亮。

(9) 连接电路时，先连接芯片的电源和地引脚，再连接其他引脚。

(10) 实验箱中的叠插连线的使用方法：连线插入时要垂直，切忌用力；拔出时用手捏住连线靠近插孔的一端，然后左右旋转几下，连线自然会从插孔中松开、弹出；切忌用力向上拉线，这样很容易损坏连线和插孔。

(11) 实验中应该严格按照老师的要求和实验指导书操作，不要随意乱动开关、芯片及其他元器件，以免造成实验箱的损坏。集成电路连线时一定要注意电源和地不要接反，明确工作电压是 +5 V 还是 +12 V。在实验中，有些实验由于接线较多，经常出现集成芯片的接线引脚数错误或将输出端当成输入端的接线错误，造成集成芯片烧坏，要尽量避免。

(12) 如果在实验中由于操作不当或其他原因而出现异常情况，如逻辑指示显示不稳、闪烁或芯片发烫、冒烟、异味等，应立即断开电源，并报告指导教师。切忌无视现象继续实验，造成严重后果。

(13) 实验时需用到外部交流供电的仪器，如示波器等，应将这些仪器的外壳接地。

(14) 要认真记录实验条件、所得各项数据和波形。发生故障时，应独立思考，耐心排除，并记下排除故障的过程和方法。

(15) 实验完毕，应及时关闭各电源开关(OFF)，并及时清理实验台面，整理好连接导线并放置在规定的位置。

3. 实验后的要求

(1) 实验结束后，要认真写好实验报告。这不仅是形式上的需要，更是一项重要的基本功训练。总结实验过程，巩固实验成果，加深对基本理论的理解，从而进一步扩大视野。

(2) 实验报告的文字说明要求简单明了、文理通顺、符号标准、图表规范、讨论深入、结论简明。通过文字说明，进一步阐述电路的工作原理、逻辑功能和设计思想。

实验报告的内容包括：

① 设计实验题目，阐述实验背景(目的、意义及原理等)。

② 列出元件材料清单，包括实验设备、器件、材料与方法。列出实验的环境条件，包括使用的主要仪器设备的名称、集成电路芯片的型号。

③ 整理并绘出详细的实验线路图，叙述设计思路。

④ 记录实验主要过程，包括绘制实验原理电路图、记录实验操作步骤、整理和处理测试的数据、列出逻辑真值表或状态图及测试的波形。根据任务要求画出方框图。逻辑图的图形符号必须按标准绘制。

⑤ 对实验测试结果进行理论分析，得出结论。

⑥ 记录产生故障情况，说明排除故障的过程和方法。

⑦ 对重要的实验现象、结论都应进行思考和讨论，写出本次实验的心得体会，以及改进实验的建议。

(3) 实验报告样板：

________大学

实验报告

20__ —— 20__学年第__学期

课程名称：
学　　院：
专　　业：
年　　级：
班　　级：
学　　号：
姓　　名：
同 组 人：

XX 大学学生实验报告

教学单位：　　实验室名称：　　实验时间：
姓名：　　专业：　　班级：　　学号：

实验名称：
实验成绩：　　教师签名：

实验报告内容：
(1) 设计实验题目。
(2) 列出元件材料清单。
(3) 整理并绘出详细的实验线路图，叙述设计思路。
(4) 记录调试过程，进行故障分析。
(5) 定量记录并绘出观测显示结果。
(6) 分析、总结实验结果。
(7) 实验结论。
(8) 收获和体会。
(9) 意见与建议。
(10) 教师评语。

第 2 章　Proteus 的入门与应用

2.1　Proteus 简介

Proteus 软件是英国 Lab Center Electronics 公司推出的 EDA 工具软件，集成了原理图捕获、SPICE 互动的电路仿真和 PCB 设计，形成了一个完整的电子设计系统。Proteus 本身是一个巨大的教学资源，可提供的仿真元器件资源包括仿真数字和模拟、交流和直流等数千种元器件，共 30 多个元件库。Proteus 可以介入到数字逻辑电路教学和实验的方方面面，是电子专业教学必配的 EDA 软件。“数字逻辑电路”课程中所遇到的元器件在 Proteus 中都能找到。Proteus 可以补充硬件电路在实物实践中的不足，同时增添学习乐趣，拓宽知识边界，培养自主学习的能力，提升综合应用知识进行分析和解决问题的能力。Proteus 在数字电路的分析和设计中起到了强而有力的辅助作用。其仿真流程图如图 2.1.1 所示。

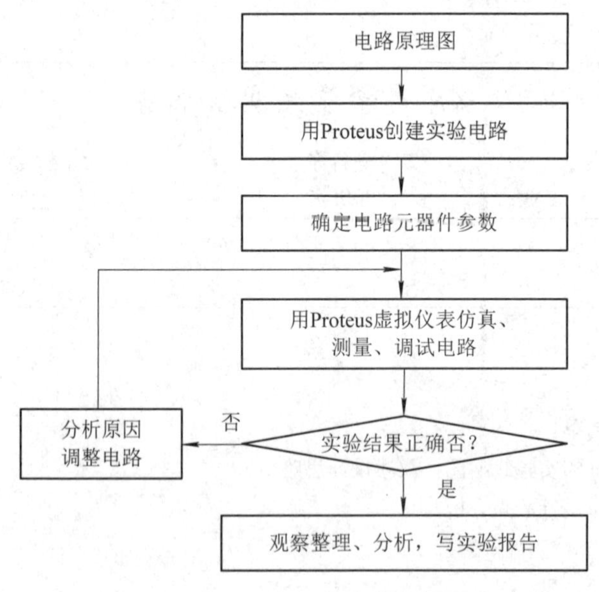

图 2.1.1　Proteus 的仿真流程图

2.2　Proteus 快速入门

本书以 Proteus Pro8.9 sp2 版本为例进行讲解。在电脑中安装 Proteus 软件以后，即可通过 Proteus 8 Professional 启动，其启动运行界面如图 2.2.1 所示。

图 2.2.1 Proteus 启动运行界面

Proteus 启动后的编辑界面如图 2.2.2 所示。

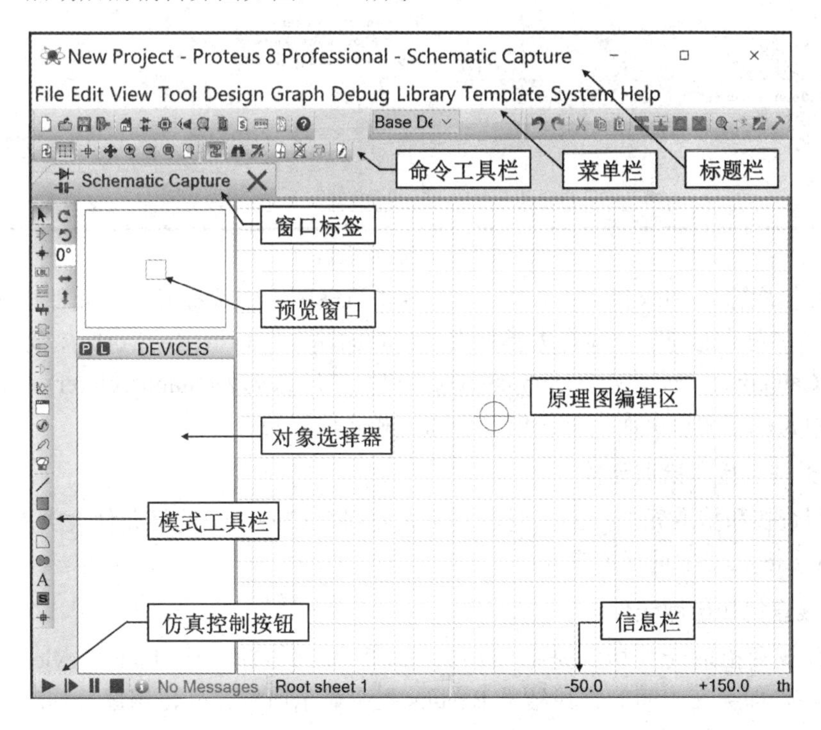

图 2.2.2 Proteus 启动后的编辑界面

2.2.1 新建原理图文件

用户进入 Proteus 8.9 编辑界面以后，有两种方式可创建原理图文件：

(1) 通过新建项目创建；

(2) 单击主工具栏上按钮，系统启动 Schematic Capture 软件。

在创建原理图后，执行 Save Project 命令或者单击按钮即可保存项目。

2.2.2　元件拾取的两种方法

在启动后的编辑界面，用鼠标左键单击界面左侧的模式工具栏元件模式按钮图标，拾取元件。再按预览窗口下的图标，即可进入图 2.2.3 所示的 Pick Devices(元件拾取)窗口。

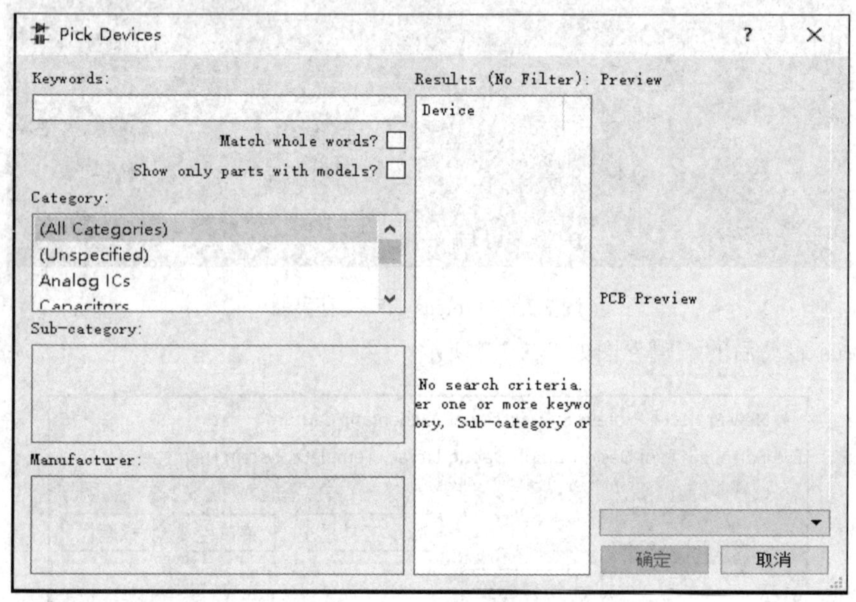

图 2.2.3　元件拾取窗口

在元件拾取窗口(Pick Devices)中，可从各类原理图库中选择元件。元件拾取窗口共分为 4 部分，左侧从上到下分别为大类列表查找时的输入名称框(Keywords)、分类查找时的大类列表(Category)、子类列表(Sub-category)和生产厂家列表(Manufacturer)；中间为查找到的元件列表；右侧自上而下分别为元件图形和元件封装。

1. 按类别查找和拾取元件

按类别查找和拾取元件指的是通过左侧大类列表 Category 选择元件大类库，然后从子类列表 Sub-category 中选择所需元件。

2. 直接查找和拾取元件

直接查找和拾取元件指的是把元件名的全称或部分输入到 Pick Devices 窗口中的 Keywords 栏，即会在中间的查找结果 Results 栏中显示所有元件，用鼠标拖动右边的滚动条，出现灰色标识的元件即为找到的匹配元件，双击即可选中。这种方法主要用于对元件名熟悉之后，为节约时间而直接查找。

选中要用的元件后，即可将元件放置到原理图编辑区，再加以正确的连线即可构成原理图。

2.2.3　数字电路中的常用元件与仪器

1. 常用的 74 系列中小规模数字集成电路

74 系列元件的子类划分如表 2.2.1 所示。

表 2.2.1　74 系列元件的子类划分

名　称	含　义
Adders	加法器
Buffers & Drivers	缓冲器和驱动器
Comperators	比较器
Counters	计数器
Decoders	译码器
Encoders	编码器
Flip-Flops & Latches	触发器和锁存器
Frequency Dividers & Timers	分频器和定时器
Gates & Inverters	门电路和反相器
Memory	存储器
Misc.Logic	混杂逻辑器
Multiplexers	选择器
Multivibrators	多谐振荡器
Phase-Locked-Loops(PLL)	锁相环
Registers	寄存器
Signal Switches	信号开关

TTL 74 系列集成电路根据制造工艺的不同，又可分为如图 2.2.4 所示的几大类，每一类元件的子类都相似，比如 7400 和 74LS00 功能基本一致。

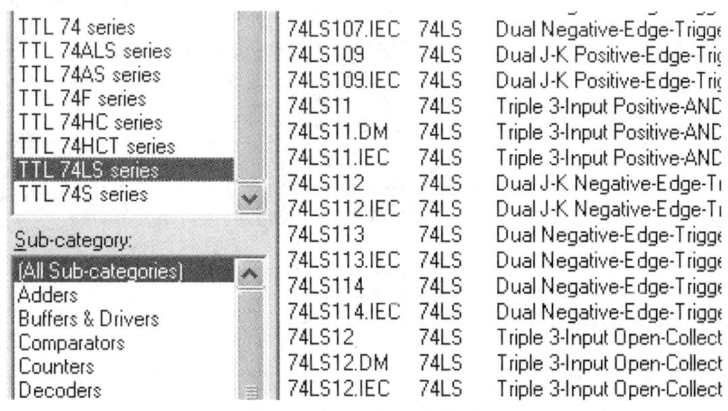

图 2.2.4　TTL 74 系列

2. 显示元件

如图 2.2.5 所示，数字电路分析与设计中常用的显示元件在 Proteus 元件拾取窗口中的

Optoelectronics 大类列表中。

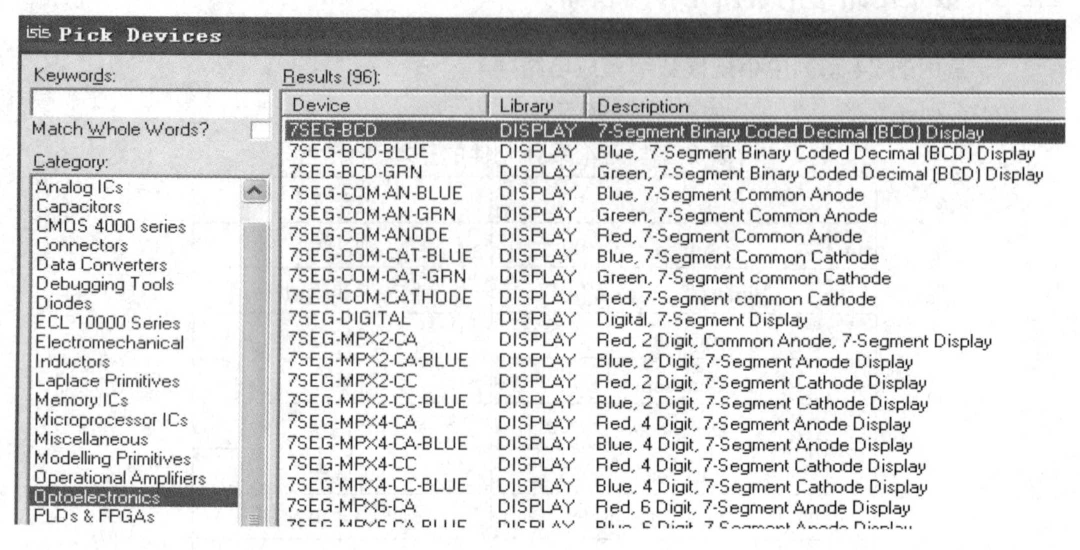

图 2.2.5　显示元件

在图 2.2.5 的右侧，前 3 行列举的元件都是七段 BCD 数码显示管，输入为 4 位 BCD 码，用时可省去显示译码器；第 4、5、6 行都是七段共阳极数码管，输入端应接显示译码器 7447；第 7、8、9 行 3 个数码管都是七段共阴极数码管，使用时输入端应接显示译码器 7448。如图 2.2.6 所示为常用的七段数码管显示元件的子类。

常用的发光二极管 LED 子类中的元件如图 2.2.7 所示。选用时要用 ACTIVE 库中的元件而不用 DEVICE 库中的元件。在本书中，我们都使用这一规定，因为 ACTIVE 库中的元件是能动画演示的，而 DEVICE 库中的元件是不能动画演示的，但一般电阻不需要动画演示，所以可用 DEVICE 库中的元件。

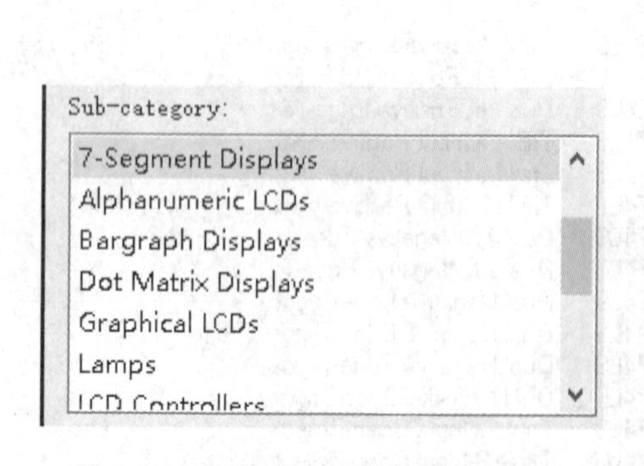

图 2.2.6　七段数码管显示元件的子类

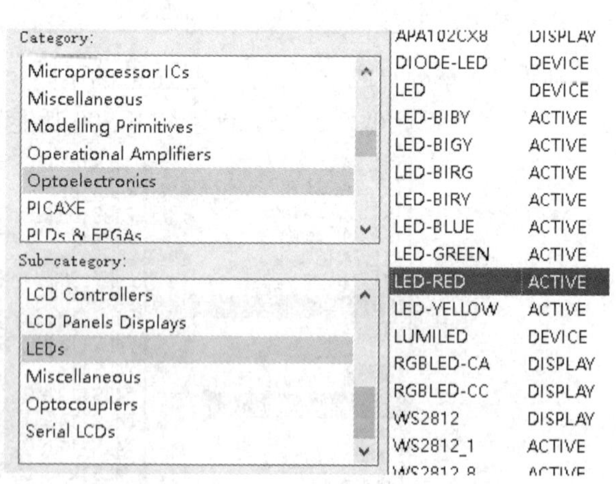

图 2.2.7　发光二极管显示元件的子类

3. 调试工具

数字电路分析与设计中常用的逻辑状态调试工具在 Proteus 元件拾取对话框中的 Debugging Tools 大类列表中，如图 2.2.8 所示，其中最常用的是逻辑电平探测器 LOGICPROBE

(标准大小图标)、LOGICPROBE(BIG)(较大图标)(用来在仿真时检测所在端点的逻辑值)、逻辑状态 LOGICSTATE(闭锁触发)和逻辑电平翻转 LOGICTOGGLE(瞬时触发)(用在电路的输入端)。

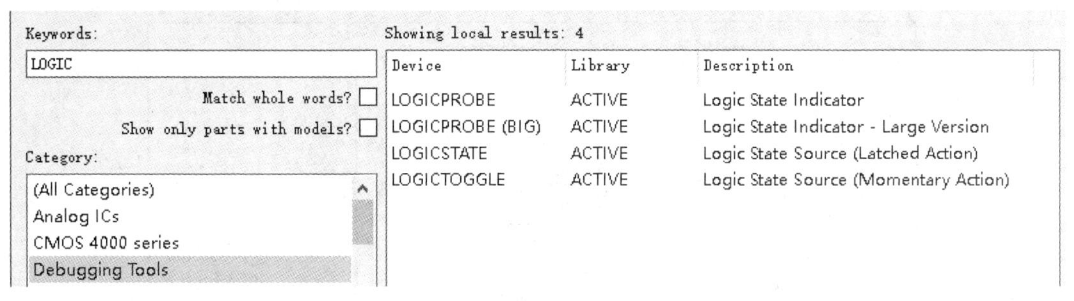

图 2.2.8　逻辑状态调试工具

下面以逻辑电平开关单元电路为例，选择表 2.2.2 中元器件，并绘制出原理图，如图 2.2.9 所示。

表 2.2.2　图 2.2.9 中的 Proteus 元件清单

名称	所在大类	所在子类	数量	备注
LOGICPROBE	Debugging Tools	Logic Probe	1	逻辑电平探测器
LOGICSTATE	Debugging Tools	Logic Stimuli	1	逻辑状态输入
RES	Resistors	Generic	1	电阻器
SW-SPDT	Switches & Relays	Switches	1	单刀双掷开关

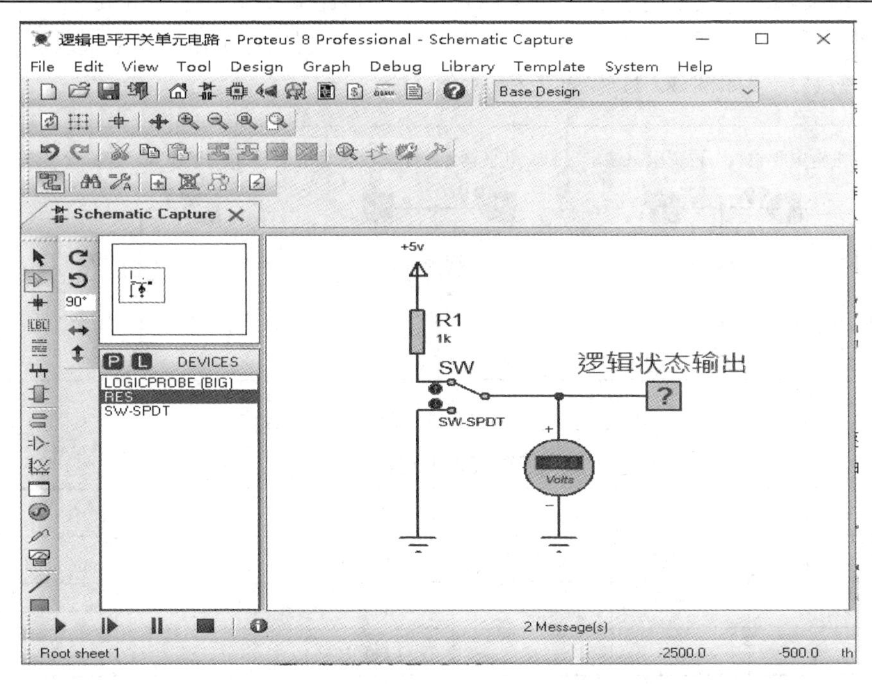

图 2.2.9　逻辑电平开关单元电路

逻辑电平开关单元电路提供拨动开关和显示灯，开关拨上为“1”，同时显示灯亮；开关拨下为“0”，同时显示灯灭。

从图 2.2.9 可见，+5 V 电源通过 1 kΩ 限流电阻连接到单刀双掷开关，其中一端接电源，另一端接地。中间端输出电压，先用直流电压表测量电压值，再用逻辑电平探测器 LOGICPROBE 来检测仿真时所在端点的逻辑值。仿真结果如图 2.2.10 和表 2.2.3 所示。

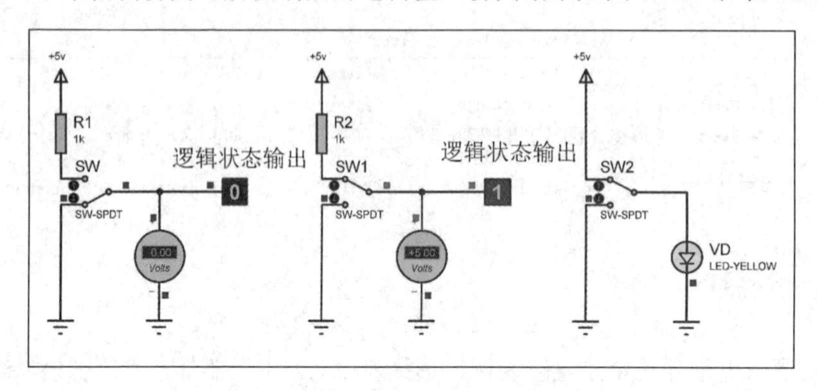

图 2.2.10　逻辑电平开关单元电路仿真结果

表 2.2.3　输入逻辑开关电路状态

SW-SPDT	开关输出		LOGICPROBE	
	电压/ V	逻辑电平	颜色	逻辑值
上	+5	H (高电平)	红	1
下	0	L (低电平)	蓝	0

如果需要输入不同的逻辑值，可以用这个开关电路来实现。在 Proteus 原理图绘制中，为了简便，可用逻辑状态 LOGICSTATE 来代替开关，用鼠标单击图标可实现在 0 和 1 之间切换。仿真结果如图 2.2.11 和表 2.2.4 所示。

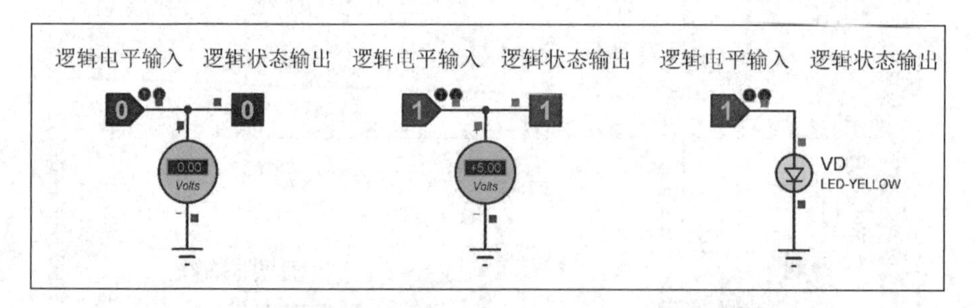

图 2.2.11　LOGICSTATE 逻辑电平仿真结果

表 2.2.4　LOGICSTATE 逻辑电路状态

LOGICSTATE		直流电压表		LOGICPROBE	
颜色	逻辑值	电压/ V	逻辑电平	颜色	逻辑值
红	1	+5	H(高电平)	红	1
蓝	0	0	L(低电平)	蓝	0

4. 电源和地

(1) 在 Proteus 的编辑界面单击模式工具栏中的终端接口模式按钮 ，在对象选择器窗口中即可出现各种对应的终端接口模式列表，如图 2.2.12 所示。

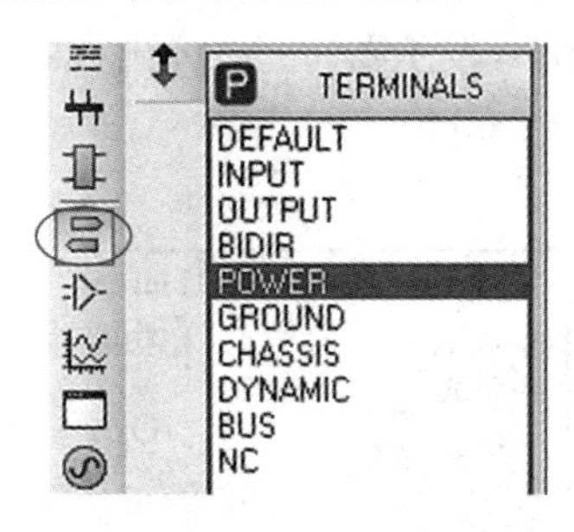

图 2.2.12　终端接口模式列表

POWER：电源( )，在原理图中作为直流电源使用，可以在其 String 属性框中修改电压值，如 +5 V、−5 V 等，如图 2.2.13 所示。

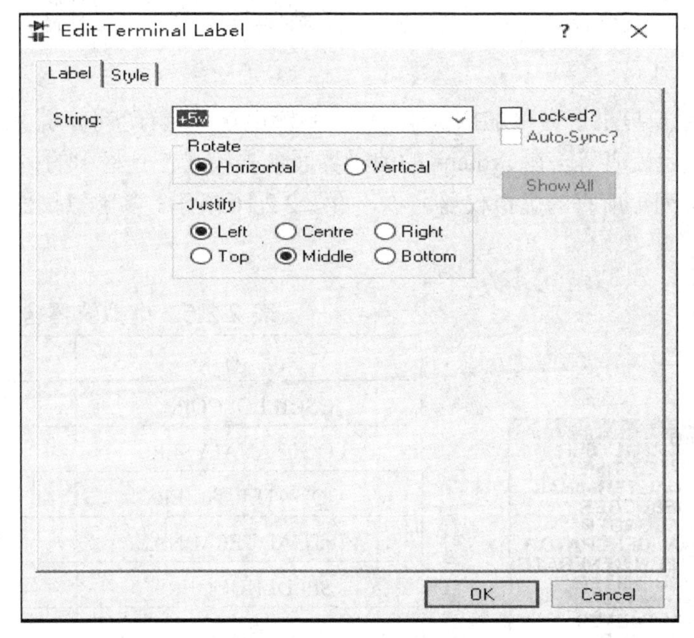

图 2.2.13　电源 POWER 属性对话框

GROUND：数字地( )，在原理图中作为地信号使用。

(2) 电源和地的使用注意事项。

① 在 Proteus 绘图进程中元件有正电源(U_{DD} /U_{CC})、负电源(U_{EE})和地(U_{SS})引脚，这些引脚没有在图中显示。软件会自动把其电源、地引脚定义为相应的电压。所以在这些元件的电源引脚上不接电源和地也是正确的。

② 假如要用到确定的直流电压，电源的默认值是 +5 V，地默认为 0 V。假如需要 10 V 的电压，则必须在电源的属性对话框中设置 String 属性值为 +10 V。这里的“+”号一定要加上，否则不能仿真。

5. 激励信号源

激励信号源为电路提供输入信号。在 Proteus 的编辑界面单击模式工具栏中信号发生器模式按钮 ，在对象选择器窗口中即可出现各种对应的激励源列表，如图 2.2.14 所示。

数字逻辑电路常用的激励源为数字时钟信号发生器(DCLOCK) DCLOCK。

双击原理图中的数字时钟信号发生器符号，弹出数字时钟信号发生器的属性设置对话框，如图 2.2.15 所示。

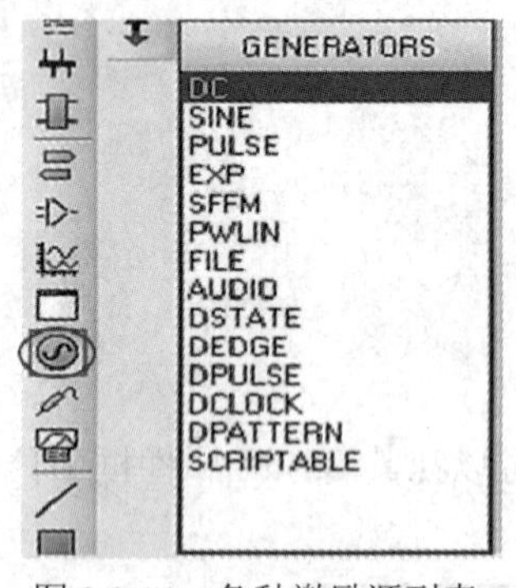

图 2.2.14　各种激励源列表

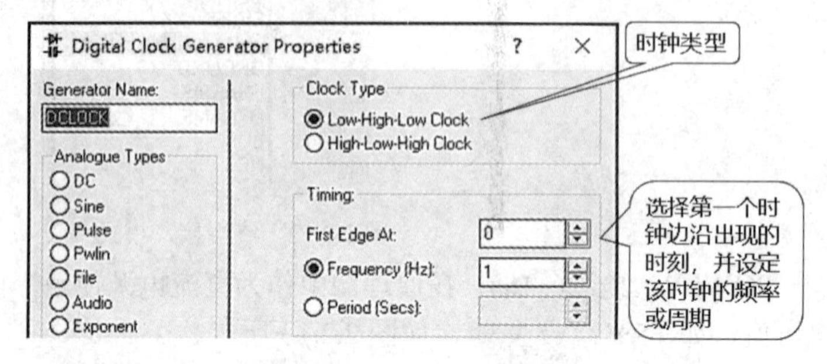

图 2.2.15　数字时钟信号发生器的属性设置对话框

6. 示波器

Proteus 为用户提供了多种虚拟仪器，用于观测电路的运行状况，常用的虚拟仪器有示波器、电压表和电流表等。在 Proteus 的编辑界面单击模式工具栏中的按钮，在对象选择器窗口中即可列出所有的虚拟仪器名称，如图 2.2.16 所示。各虚拟仪器的含义如表 2.2.5 所示。

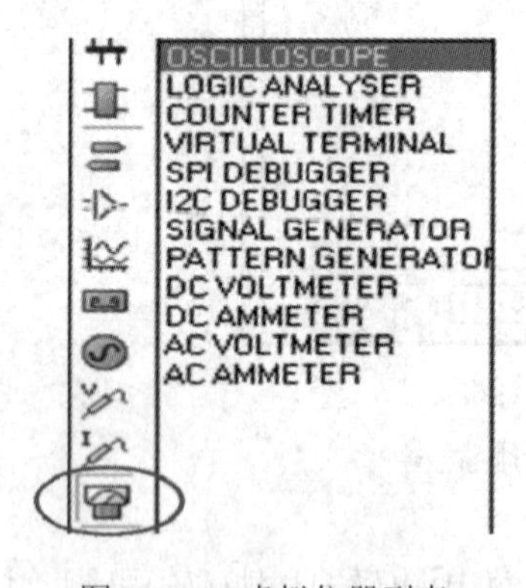

图 2.2.16　虚拟仪器列表

表 2.2.5　虚拟仪器含义

名　称	含　义
OSCILLOSCOPE	示波器
LOGIC ANALYSER	逻辑分析仪
COUNTER TIMER	计数/定时器
VIRTUAL TERMINAL	虚拟终端
SPI DEBUGGER	SPI 调试器
I^2C DEBUGGER	I^2C 调试器
SIGNAL GERNERATOR	信号发生器
PATTERN GENERATOR	模式发生器
DC VOLTMETER	直流电压表
DC AMMETER	直流电流表
AC VOLTMETER	交流电压表
AC AMMETER	交流电流表

示波器的使用方法如下：

① 示波器的 4 个接线端 A、B、C、D 可分别接 4 路输入信号，信号的另一端接地，即该虚拟的示波器能同时观察 4 路信号的波形。

② 按照图 2.2.17 所示接线，可把 1 kHz 的时钟脉冲激励信号加到示波器的 A 端。

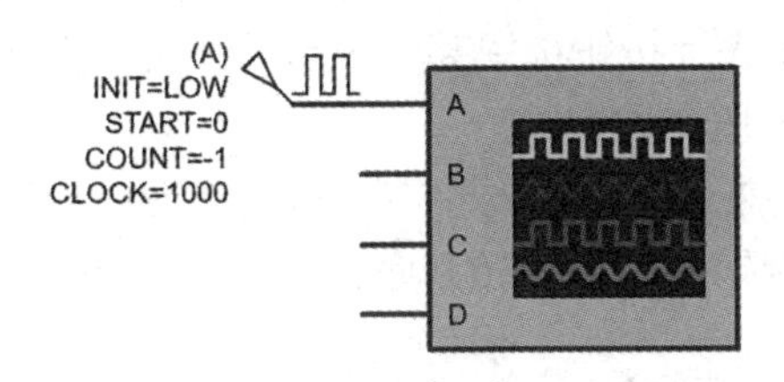

图 2.2.17　时钟脉冲激励信号仿真

③ 按仿真控制按钮中的运行按钮开始仿真，出现如图 2.2.18 所示的示波器运行界面。从图中可看到，左面的图形显示区有 4 条不同颜色的水平扫描线，其中 A 通道显示出了时钟脉冲波形。

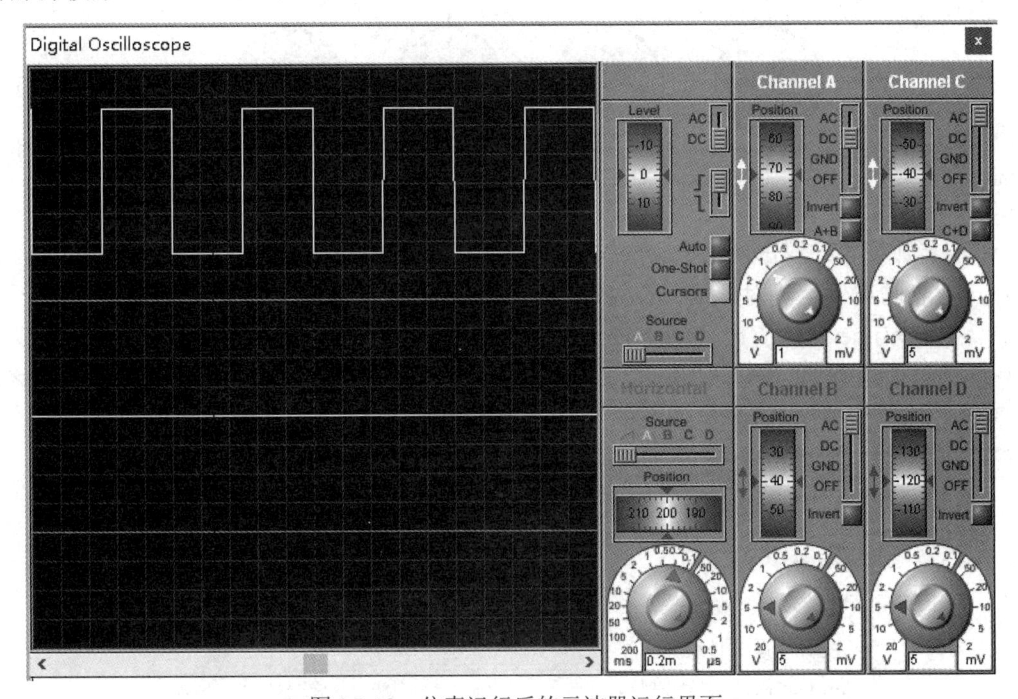

图 2.2.18　仿真运行后的示波器运行界面

④ 示波器的操作区共分为以下 6 个部分：

Channel A：A 通道区。

Channel B：B 通道区。

Channel C：C 通道区。

Channel D：D 通道区。

Trigger：触发区。

Horizontal：水平区。

4 个通道区中，每个区的操作功能都一样，主要有两个旋钮，上面的 Position 用来调整波形的垂直位移，下面的旋钮用来调整波形的 Y 轴增益，白色区域的刻度表示图形对应的电压值。内旋钮是微调，外旋钮是粗调。在图形区读波形的电压时，应把内旋钮顺时针调到最右端。

触发区中，Level 用来调节水平坐标，水平坐标只在调节时才显示。Auto 按钮一般为红色选中状态。用 Cursors 光标按钮选中某一波形后，可以在图形显示区标注横坐标和纵坐标，从而读取该波形的电压和周期。

水平区中，Position 用来调整波形的左右位移，下面的旋钮调整扫描频率。当读周期时，同样应把内环的微调旋钮顺时针旋转到底。

7. 电压表和电流表

Proteus 提供了 4 种电表，分别是 AC Voltmeter(交流电压表)、AC Ammeter(交流电流表)、DC Voltmeter(直流电压表)和 DC Ammeter(直流电流表)。

(1) 电表符号：4 种电表的符号如图 2.2.19 所示。

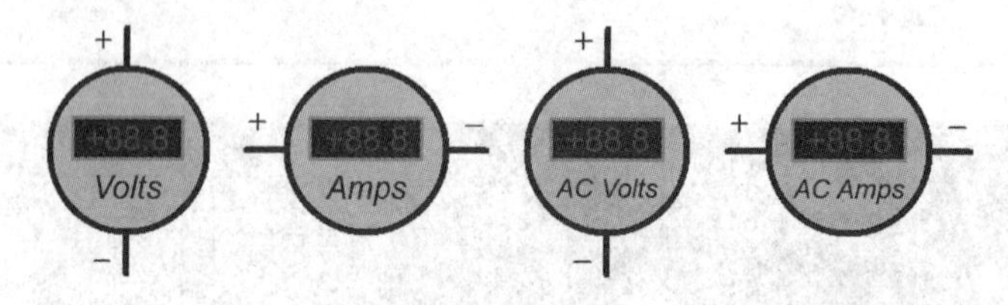

图 2.2.19　4 种电表的符号

(2) 参数设置：双击任意电表的符号，会弹出其属性设置对话框，如图 2.2.20 所示是直流电压表的属性设置对话框。在 Part Reference(元件名称)栏可给该直流电压表命名为“V”，Part Value(元件值)栏不填。Display Range(显示范围)中有 4 个选项，用来设置该直流电压表是 Volts(伏特表)、Millivolts(毫伏表)、Microvolts(微伏表)或者 Kilovolts(千伏表)，缺省是 Volts(伏特表)。设置完成后单击 OK 按钮即可。

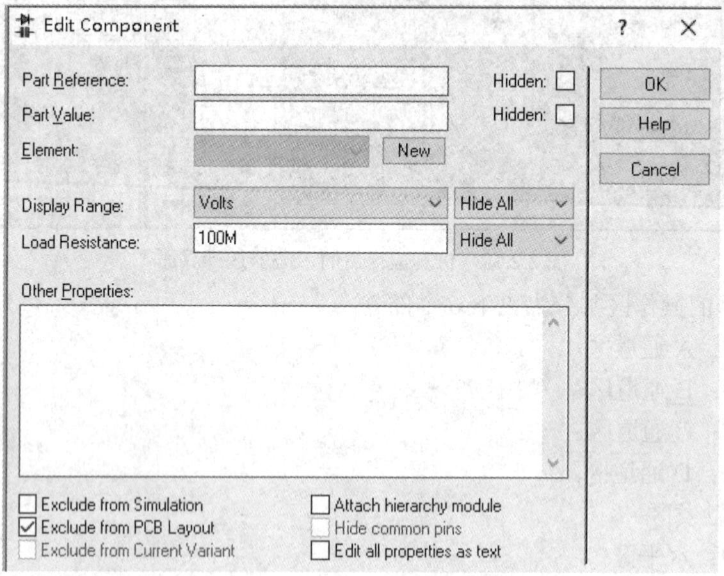

图 2.2.20　直流电压表的属性设置对话框

8. 常用的通用模拟电路元件

模拟电路和数字电路中常用的通用元件主要有电阻器、电容器、二极管、三极管、直流电源、集成运放等，如表 2.2.6 所示。

(1) 电阻器：电阻器所在大类为 Resistors，子类有 0.6 W 和 2 W 的金属膜电阻，3 W、

7 W 和 10 W 绕线电阻，通用电阻，热敏电阻(NTC)，排阻(Resistors Packs)，可变电阻(Variables)及家用高压系列加热电阻丝。常用电阻器可在 Keywords 栏直接输入通用电阻“RES”，然后再修改参数。

(2) 可变电阻器：在 Keywords 栏直接输入“POT”或“POT-”查找。常用的 POT-HG 滑动变阻器可以直接用鼠标来改变触头位置，精确度和调整的最小单位为阻值的 1%。

(3) 电容器：常用的无极性电容器的名称为 CAP，极性电容器的名称为 CAP-ELEC，即电解电容器，但必须注意的是，电解电容器的正极性端的直流电位一定要高于负极性端才能正常工作，否则会出现意外。

(4) 二极管：二极管的种类很多，包括整流桥、整流二极管、肖特基二极管、开关二极管、变容二极管和稳压二极管。打开 Proteus 的元件拾取窗口，选中 Category 中的 Diodes，一般选取子类 Sub-category 中的 Generic 通用器件即可。

(5) 三极管：打开 Proteus 的元件拾取窗口，类别 Category 中的 Transistors 大类就是三极管。

(6) 直流电源：直流电源通常有单电池 CELL 和电池组 BATTERY 两种，可任意改变其参数值。

表 2.2.6　常用的通用模拟电路元件

元件名称		所在大类	所在子类
电阻器	RES	Resistors	Generic
可变电阻器	POT-HG	Resistors	Variable
电容器	CAP	Capactitors	Generic
电解电容器	CAP-ELEC	Capactitors	Generic
二极管	DIODE	Diodes	Generic
三极管	TRANSISTOR	Transistors	Generic
单电池	CELL	Miscellaneose	—
电池组	BATTERY	Miscellaneose	—
单刀单掷开关	SW-SPST	Switches & Relays	Switches
单刀双掷开关	SW-SPDT	Switches & Relays	Switches

2.2.4　电路的动态仿真

准备工作完成后，单击仿真控制按钮中的运行按钮，即可开始仿真。

仿真控制按钮共有 4 个，从左到右依次为运行按钮、单步运行按钮、暂停按钮和停止按钮。

2.3　Proteus 实用快捷键

Proteus 提供了一些实用的快捷键，可以通过菜单 View 查看，如图 2.3.1 所示。

View
刷新
Redraw Display R
网格设置
Toggle Grid G
伪坐标
Toggle False Origin O
X型鼠标设置
Toggle X-Cursor X
捕捉率选择
Snap 10th Ctrl+F1
当前栅格捕捉值设定
Snap 50th F2
Snap 0.1in F3
Snap 0.5in F4
以鼠标中心放大
Center At Cursor F5
放大
Zoom In F6
缩小
Zoom Out F7
显示整张图纸
Zoom To View Entire Sheet F8

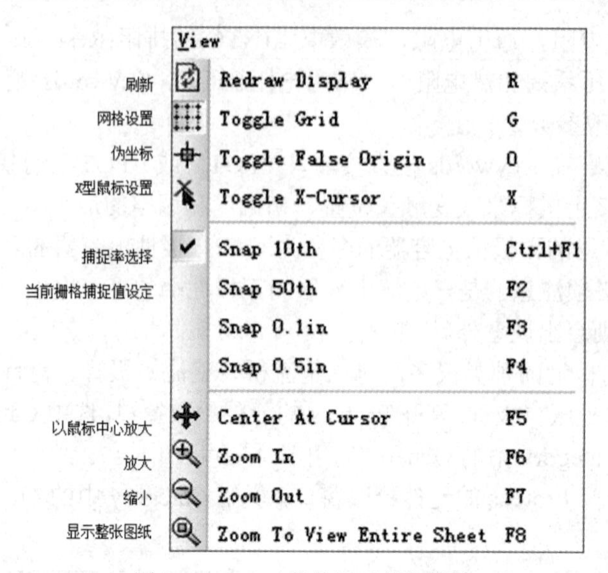

图 2.3.1　View 菜单显示的快捷键

在原理图编辑区右键单击选中的对象即可弹出快捷菜单，鼠标右键单击的对象不同，弹出的快捷菜单也不相同。右键单击选中元件时弹出的快捷菜单如图 2.3.2 所示。

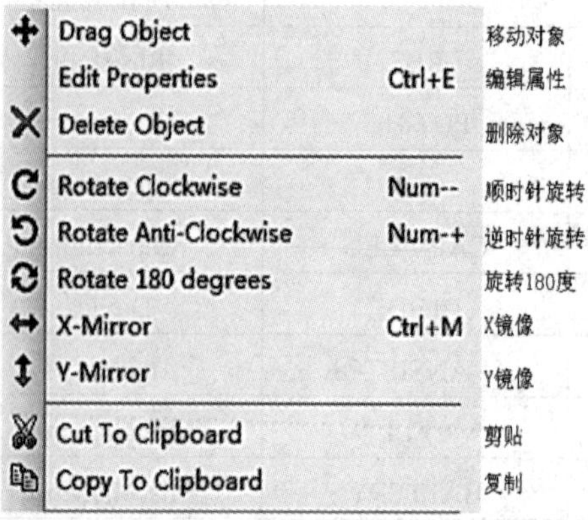

Drag Object 移动对象
Edit Properties Ctrl+E 编辑属性
Delete Object 删除对象
Rotate Clockwise Num-- 顺时针旋转
Rotate Anti-Clockwise Num-+ 逆时针旋转
Rotate 180 degrees 旋转180度
X-Mirror Ctrl+M X镜像
Y-Mirror Y镜像
Cut To Clipboard 剪贴
Copy To Clipboard 复制

图 2.3.2　右键单击选中元件时弹出的快捷菜单

Proteus 常用快捷键功能如下：

+/−：在原理图编辑区中，选中对象，按键盘上的数字小键盘中的“+”“-”号可进行逆时针、顺时针旋转。

G：栅格(The Dot Grid)开关，对应栅格按钮 。该命令在编辑窗口可在打开显示栅格、显示栅点和显示关闭间切换。点与点之间的间距由当前捕捉的设置决定。

X：选中后会在捕捉点显示一个小的或大的交叉十字。

F8：可以把一整张图缩放到完全显示出来。

F7：以当前鼠标位置为中心缩小电路图(连续按会不断缩小，直到最小)。

F6：以当前鼠标位置为中心放大电路图(连续按会不断放大，直到最大)。

另外，按住 Shift 键的同时在一个特定的区域用鼠标左键拖一个框，则框内的部分就会被放大。这个框可以是在编辑窗口内拖放，也可以是在预览窗口内拖放。

F5：以当前坐标重新定位中心位置。

F2 / F3 / F4 / Ctrl + F1：捕捉到栅格(Snapping to a Grid)，栅格捕捉的尺度可以直接使用快捷键 F4、F3、F2 和 Ctrl + F1。鼠标在编辑窗口内移动时，坐标值是以固定的步长增大的(初始设定是 100)。这就称为捕捉，能够把元件按栅格对齐。

2.4　与门逻辑电路仿真操作实例

与门逻辑电路仿真操作步骤如下：

1. 新建设计

打开 Proteus 应用程序，新建设计过程如图 2.4.1 所示。

图 2.4.1　新建设计

2. 元件的拾取

(1) 单击编辑界面左侧预览窗口下面的 P 按钮，弹出 Pick Devices(元件拾取)对话框，如图 2.4.2 所示。

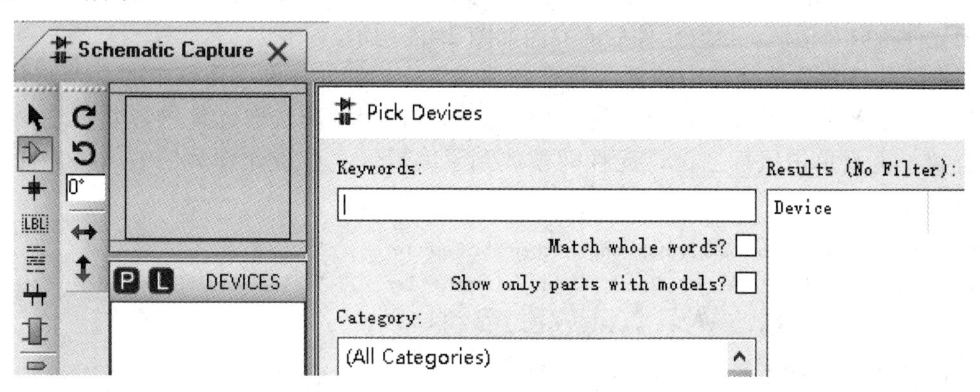

图 2.4.2　元件拾取对话框

本实例所用到的元件清单如表 2.4.1 所示。

表 2.4.1　与门逻辑电路 Proteus 元件清单

元件名称	所在大类	所在子类	数量	备注
LOGICPROBE	Debugging Tools	Logic Probe	1	逻辑电平探测器
LOGICSTATE	Debugging Tools	Logic Stimuli	2	逻辑状态输入
74LS08	TTL 74LS series	Gates & Inverters	1	与门

(2) 直接查找和拾取元件。在图 2.4.3 所示界面中，把元件名的全称或部分输入到 Pick Devices 对话框的 Keywords 栏中，在其下方勾选“Match whole words?”，在查找结果 Results 中选出需要的门电路，双击该门电路，便可把该元件拾取到编辑界面的对象选择器中。

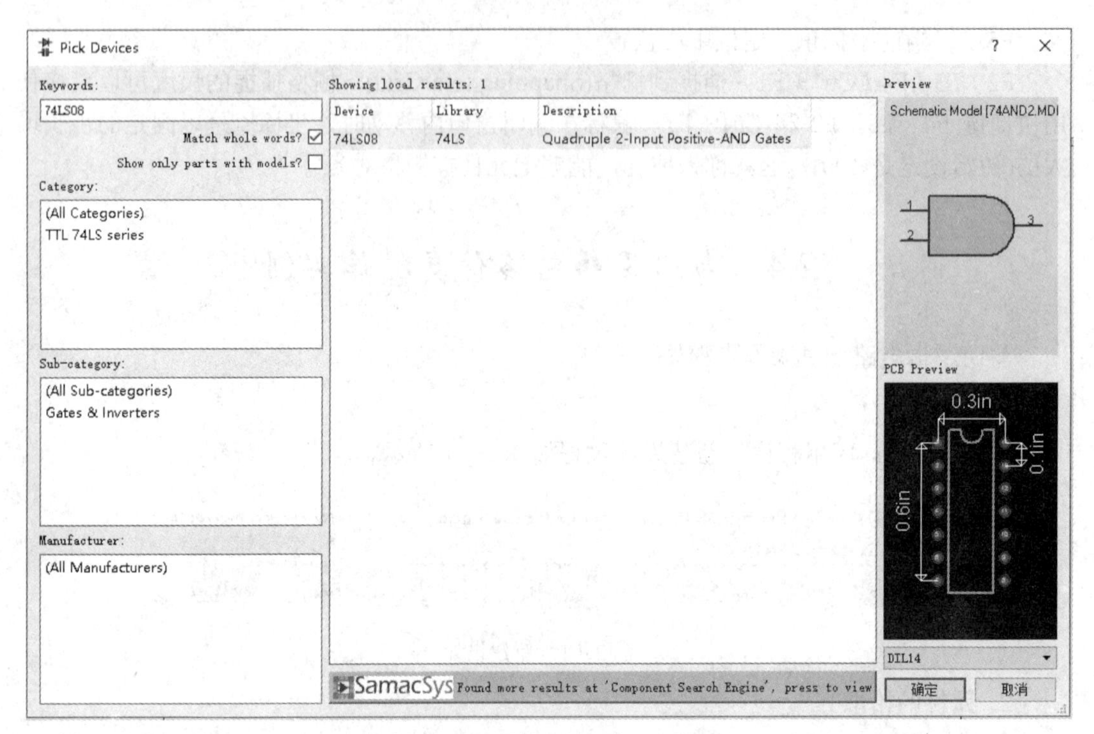

图 2.4.3　直接拾取元件示意图

用上面介绍的方法把表 2.4.1 中的 3 个元件都拾取到编辑界面的对象选择器中，然后关闭元件拾取对话框。拾取元件后的界面如图 2.4.4 所示。

把元件从对象选择器中放置到原理图编辑区中。单击对象选择器中的某一元件，把鼠标移动到编辑区并单击鼠标左键，此时鼠标指针变为所选取元件的形状，选择合适的位置，再次单击鼠标左键，元件即被放到了编辑区。放置元件后的编辑区界面如图 2.4.5 所示。

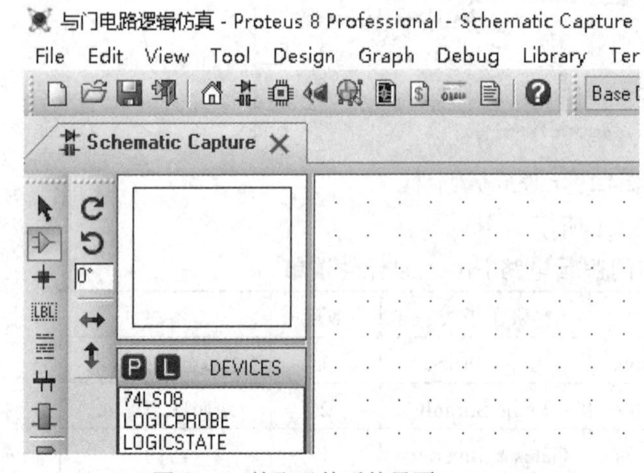

图 2.4.4　拾取元件后的界面

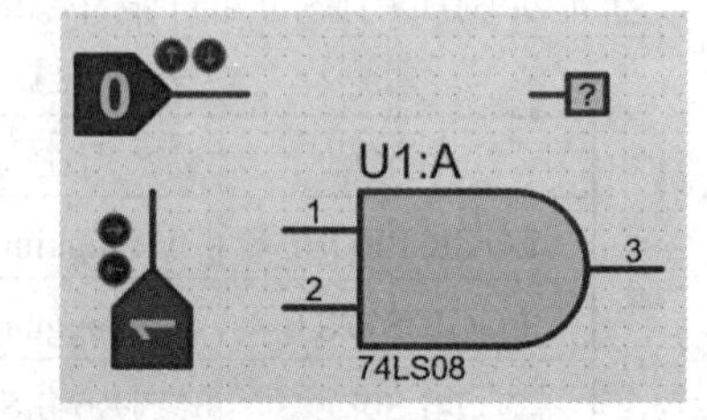

图 2.4.5　放置元件后的编辑区界面

3. 调整元件位置和修改参数

在编辑区的元件上单击鼠标左键即可选中元件(变为红色)，把鼠标放到该元件上按住鼠标左键不放，拖动鼠标到合适位置松开鼠标左键即可改变元件的位置。

在编辑区选中元件后，把鼠标移到其他位置再单击鼠标左键，即可取消选择。

在编辑区选中元件后，把鼠标放到该元件上继续单击鼠标右键，即可弹出快捷菜单。在这里可以进行改变元件位置、编辑属性、删除元件、改变元件的方向和对称性等操作，如图 2.4.6 所示。

按上述方法合理调整元件位置，结果如图 2.4.7 所示。

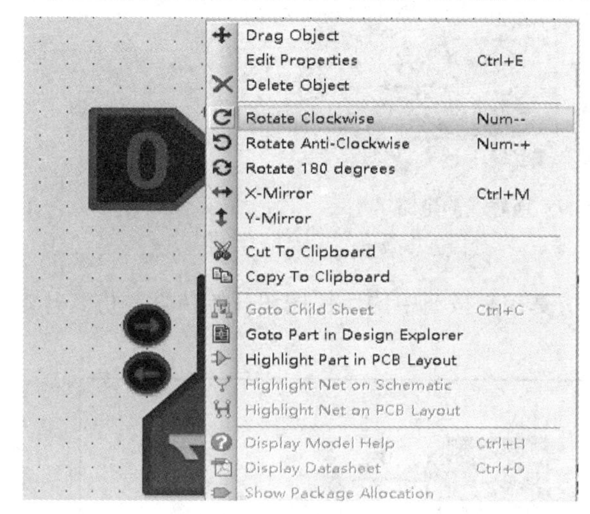

图 2.4.6　快捷菜单

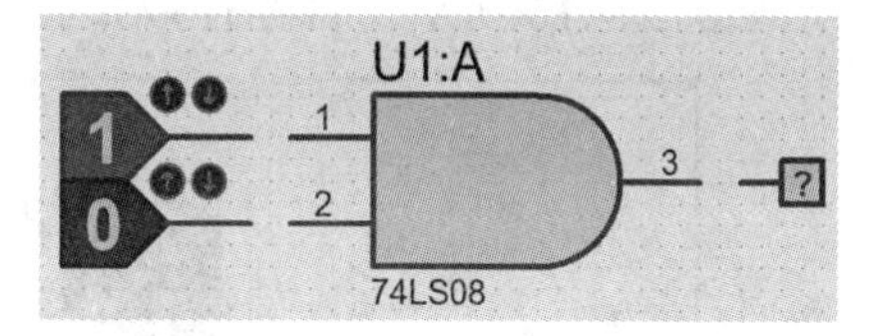

图 2.4.7　元件的排列

在原理图编辑区的元件上单击鼠标左键选中元件，把鼠标放到该元件上再单击鼠标左键即可打开元件属性设置对话框，在这里可以改变元件的属性，如图 2.4.8 把元件名称从 U1 改为 U。

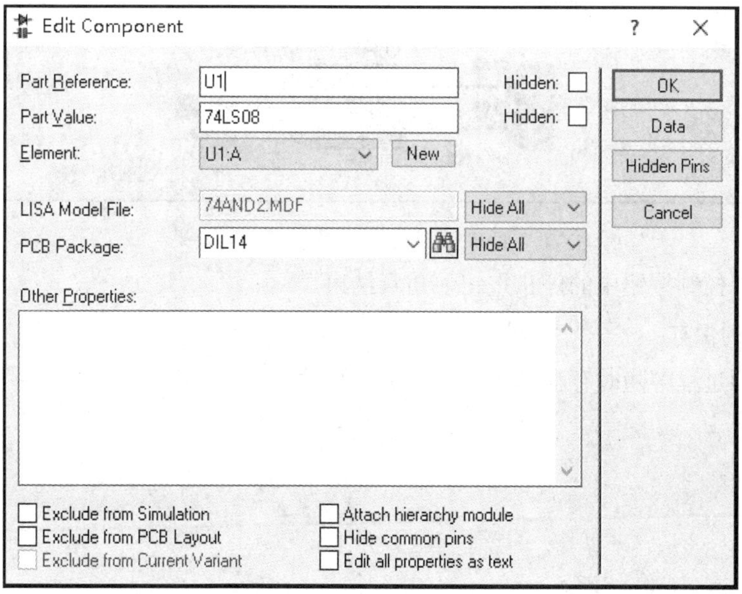

图 2.4.8　改变元件名称为 U

4. 电路连线

Proteus 的连线是非常智能的，它会判断使用者的下一步操作，如想连线则自动连线，而不需要选择连线的操作，只需要用鼠标左键单击编辑区元件(该元件不能在选中的状态下，即不为红色)的一个端点拖动到要连接的另一个元件的端点，再次单击即完成一根连线。要删除一根连线，右键双击该连线即可。连好线的电路图如图 2.4.9 所示。

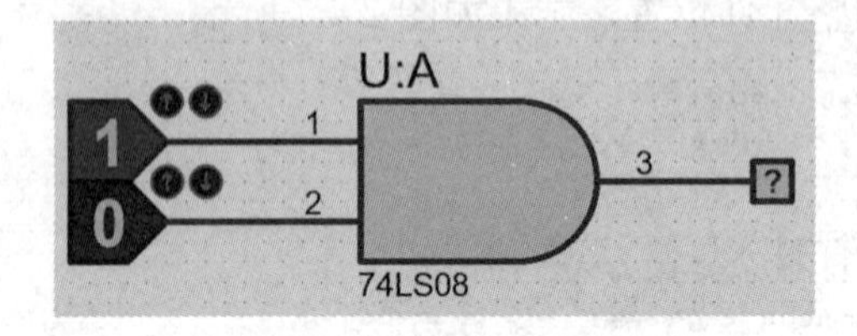

图 2.4.9　连好线的电路

5. 电路的动态仿真

单击 Proteus 编辑界面中左下方的仿真控制按钮中的运行按钮开始仿真。仿真开始后显示如图 2.4.10 所示仿真运行效果。

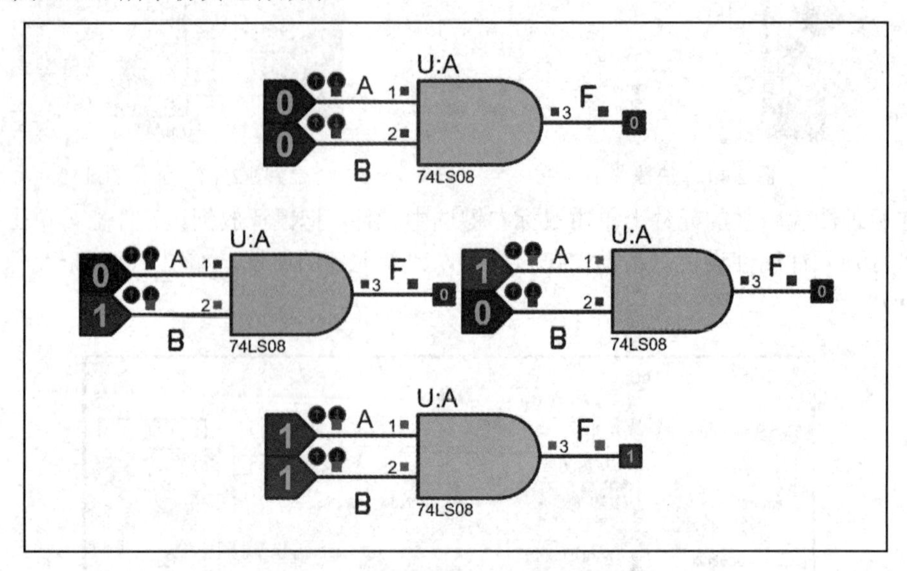

图 2.4.10　与门逻辑电路仿真运行效果

单击仿真控制按钮中的停止按钮，仿真结束。

6. 文件的保存

在设计的过程中随时存盘，以免发生突然事件。

第 3 章　逻辑代数基础实验

逻辑代数是一种用于描述客观事物逻辑关系的数学方法。逻辑代数和普通代数一样，有一套完整的运算规则。逻辑代数的变量称为逻辑变量，它有两种可能的取值，逻辑 0 和逻辑 1，0 和 1 称为逻辑常量。逻辑 0 和逻辑 1 不代表数值大小，仅表示相互矛盾、相互对立的两种逻辑状态，如表示事件的真、假，信息的有、无，开关的通、断，以及电平的高、低等。因此，逻辑代数所表示的逻辑关系不是数量关系，这是它与普通代数本质上的区别。本章重点要求掌握基本门电路的验证和使用，以及用基本门电路来实现逻辑函数。本章内容包括基本逻辑门验证，用基本逻辑门电路与或式、与非与非式实现逻辑函数，以及同或门和异或门的验证等实验。

实验项目 1　基本逻辑门验证

一、硬件实验

1. 实验目的

(1) 掌握与、或、非 3 种基本门电路的逻辑关系，验证 3 种基本门电路的功能；

(2) 掌握与非门和或非门的逻辑关系，验证两种门电路的功能。

2. 实验预习要求

(1) 复习基本门电路的逻辑关系，并比较 3 种不同基本门电路逻辑关系的异同；

(2) 了解 3 种不同基本门电路器件的引脚分布及内部结构；

(3) 了解与非门和或非门的逻辑关系及芯片的引脚分布及内部结构。

3. 实验原理

1) “与”逻辑门电路

“与”逻辑指的是只有决定某一事件的所有条件全部具备时，这一事件才能发生。其逻辑表达式为 $F=A\cdot B=AB$，其逻辑符号如图 3.1.1 所示。

“与”逻辑的真值表如表 3.1.1 所示，从中可以看出，当且仅当两个变量 A 和 B 都为 1 的时候，输出变量 F 才为 1。

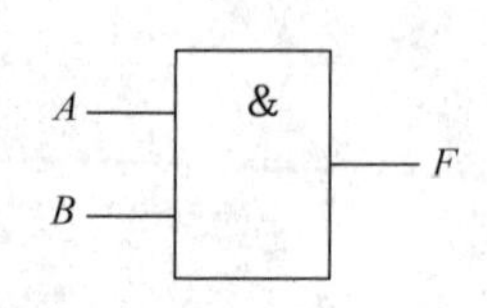

图 3.1.1　“与”逻辑的逻辑符号

表 3.1.1　“与”逻辑的真值表

输入逻辑		输出逻辑状态
A	B	F
0	0	0
0	1	0
1	0	0
1	1	1

“与”逻辑的逻辑芯片是 74LS08。该芯片的引脚图如图 3.1.2 所示。

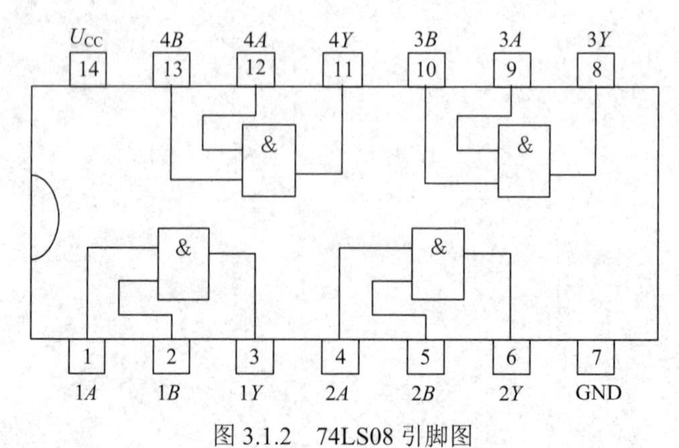

图 3.1.2　74LS08 引脚图

74LS08 芯片由 4 个“与”门组成。各组功能是相同的。当引脚 1*A* 和 1*B* 分别取高电平(代表逻辑变量 1)或低电平(代表逻辑变量 0)时，在输出端 1*Y* 会有相应的输出。其输入、输出关系遵循表 3.1.1 中的逻辑关系。

2) “或”逻辑门电路

“或”逻辑指的是决定某一事件的条件有一个或一个以上具备，这一事件才能发生。其逻辑表达式为 $F = A + B$，其逻辑符号如图 3.1.3 所示。

“或”逻辑的真值表如表 3.1.2 所示，从中可以看出，当两个变量 *A* 和 *B* 中有一个或者一个以上为 1 的时候，输出变量 *F* 就为 1。

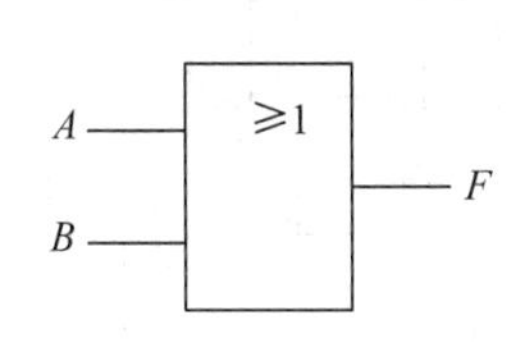

图 3.1.3　“或”逻辑的逻辑符号

表 3.1.2　“或”逻辑的真值表

输入逻辑		输出逻辑状态
A	*B*	*F*
0	0	0
0	1	1
1	0	1
1	1	1

“或”逻辑的逻辑芯片是 74LS32。该芯片的引脚图如图 3.1.4 所示。

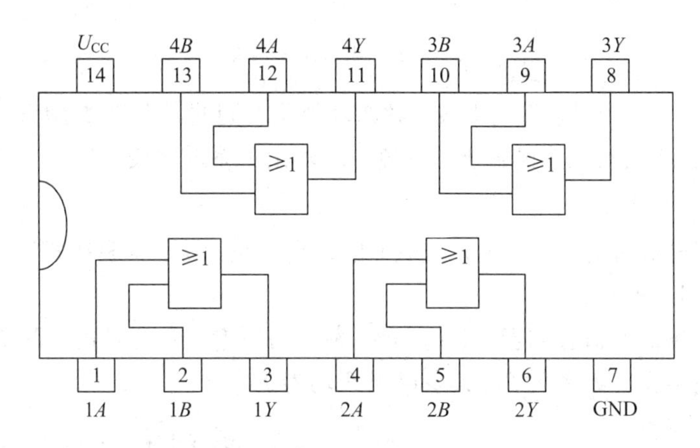

图 3.1.4　74LS32 引脚图

74LS32 芯片由 4 个“或”门组成。各组功能是相同的。当引脚 1*A* 和 1*B* 分别取高电平或低电平时，在输出端 1*Y* 会有相应的输出。其输入、输出关系遵循表 3.1.2 中的逻辑关系。

3) “非”逻辑门电路

“非”逻辑指的是当决定某一事件的条件满足时，事件不发生；反之事件发生。其逻辑表达式为 $F = \overline{A}$，其逻辑符号如图 3.1.5 所示。

“非”逻辑的真值表如表 3.1.3 所示，从中可以看出，当变量 *A* 输入为 0 的时候，输出变量 *F* 为 1；相反，当变量 *A* 输入为 1 的时候，输出变量 *F* 为 0。

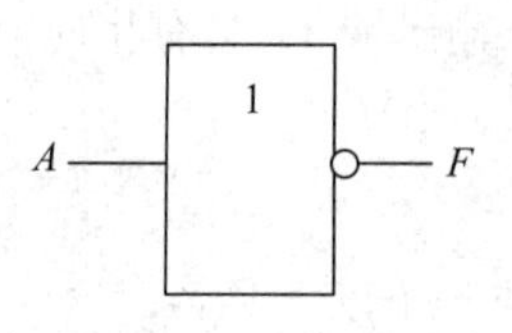

图 3.1.5　“非”逻辑的逻辑符号

表 3.1.3　“非”逻辑的真值表

输入逻辑	输出逻辑状态
A	*F*
0	1
1	0

“非”逻辑的逻辑芯片是 74LS04。该芯片的引脚图如图 3.1.6 所示。

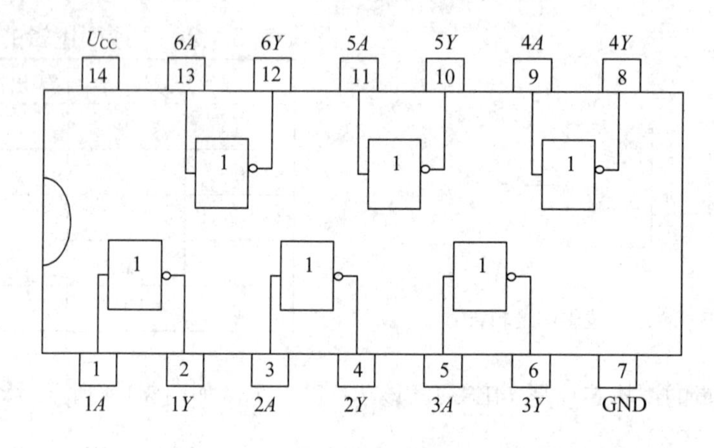

图 3.1.6　74LS04 引脚图

74LS04 芯片由 6 个“非”门组成。各组功能是相同的。当引脚 1*A* 输入高电平或低电平时，在输出端 1*Y* 会有相应的输出。其输入、输出关系遵循表 3.1.3 中的逻辑关系。

4)　“与非”逻辑门电路

“与非”逻辑指的是两个变量先与后非的逻辑关系。其逻辑表达式为 $F=\overline{A\cdot B}=\overline{AB}$，其逻辑符号如图 3.1.7 所示。

“与非”逻辑的真值表如表 3.1.4 所示，从中可以看出，当且仅当两个变量 *A* 和 *B* 都为 1 的时候，输出变量 *F* 才为 0，其余情况 *F* 均为 1。

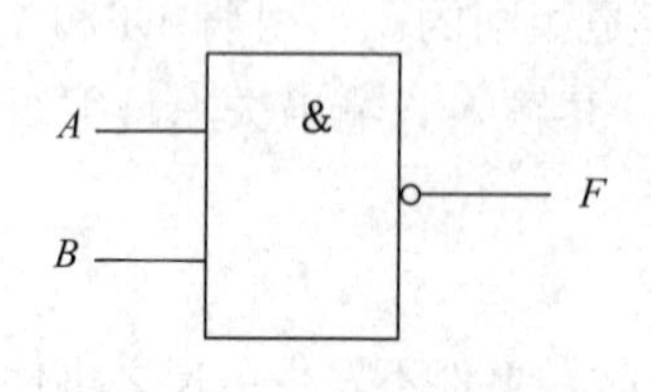

图 3.1.7　“与非”逻辑的逻辑符号

表 3.1.4　“与非”逻辑的真值表

输入逻辑		输出逻辑状态
A	*B*	*F*
0	0	1
0	1	1
1	0	1
1	1	0

“与非”逻辑的逻辑芯片是 74LS00。该芯片的引脚图如图 3.1.8 所示。

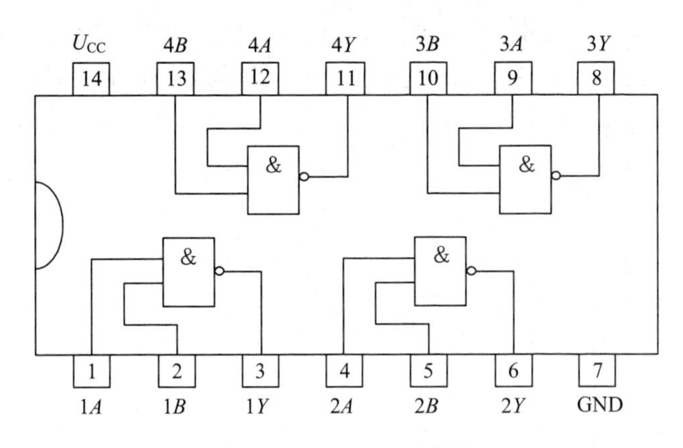

图 3.1.8　74LS00 引脚图

74LS00 芯片由 4 个“与非”门组成。各组功能是相同的。当引脚 1*A* 和 1*B* 分别取高电平或低电平时，在输出端 1*Y* 会有相应的输出。其输入、输出关系遵循表 3.1.4 中的逻辑关系。

5) “或非”逻辑门电路

“或非”逻辑指的是两个变量先或后非的逻辑关系，其逻辑表达式为 $F=\overline{A+B}$，其逻辑符号如图 3.1.9 所示。

“或非”逻辑的真值表如表 3.1.5 所示，从中可以看出，当且仅当两个变量 *A* 和 *B* 都为 0 的时候，输出变量 *F* 才为 1，其余情况 *F* 均为 0。

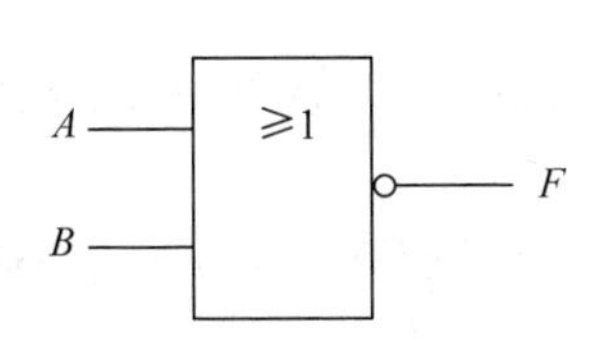

图 3.1.9　“或非”逻辑的逻辑符号

表 3.1.5　“或非”逻辑的真值表

输入逻辑		输出逻辑状态
A	*B*	*F*
0	0	1
0	1	0
1	0	0
1	1	0

“或非”逻辑的逻辑芯片是 74LS02。该芯片的引脚图如图 3.1.10 所示。

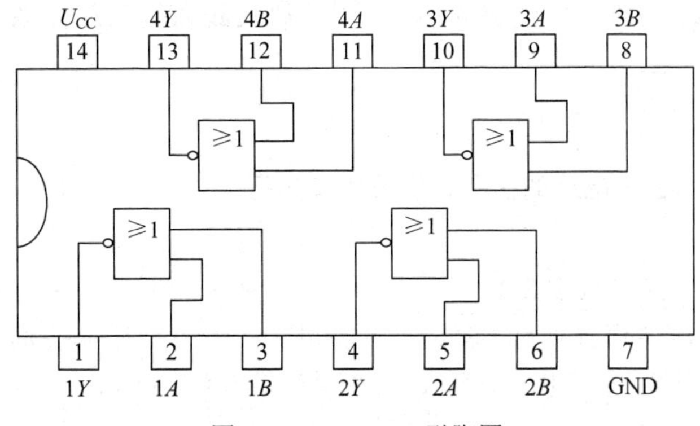

图 3.1.10　74LS02 引脚图

74LS02 芯片由 4 个“或非”门组成。各组功能是相同的。当引脚 1*A* 和 1*B* 分别取高电平或低电平时，在输出端 1*Y* 会有相应的输出。其输入、输出关系遵循表 3.1.5 中的逻辑关系。

4. 实验设备及器件

(1) 数字电路实验箱 1 台；

(2) 74LS08 芯片 1 片；

(3) 74LS32 芯片 1 片；

(4) 74LS04 芯片 1 片；

(5) 74LS00 芯片 1 片；

(6) 74LS02 芯片 1 片；

(7) 导线若干。

5. 实验内容及步骤

(1) 用 74LS08 芯片验证“与”逻辑的功能。

① 将一片 74LS08 芯片按正确的方法放入数字电路实验箱的相应插座中，确保引脚一一对齐。将其 14 号引脚接电源，7 号引脚接地。

② 按照图 3.1.2 中的引脚图连线，其中 1*A* 引脚接输入开关 K0，1*B* 引脚接输入开关 K1，1*Y* 引脚接小灯泡 Y0。

③ 接通实验箱电源。

④ 观察输入端取不同输入组合时输出端的变化，并记录下来。记录结果应与表 3.1.1 相同。

(2) 用 74LS04 芯片验证“非”逻辑的功能。

① 将一片 74LS04 芯片按正确的方法放入数字电路实验箱的相应插座中，确保引脚一一对齐。将其 14 号引脚接电源，7 号引脚接地。

② 按照图 3.1.6 中的引脚图连线，其中 1*A* 引脚接输入开关 *K*0，1*Y* 引脚接小灯泡 *Y*0。

③ 接通实验箱电源。

④ 观察输入端取不同输入组合时输出端的变化，并记录下来。记录结果应与表 3.1.3 相同。

(3) 分别用 74LS32、74LS00 和 74LS02 芯片，采用与 74LS08 芯片同样的方法验证“或”逻辑、“与非”逻辑和“或非”逻辑的功能，其引脚接线和验证方法同(1)。

二、仿真实验

1. 74LS08 与门逻辑电路的仿真构建及仿真运行

1) 创建电路

(1) 在对象栏中放置 74LS08。

单击工具栏中器件模式按钮 ，然后单击 P 按钮。在关键词(Keywords)中输入 74LS08，选择所在大类 TTL74LS series、所在子类 Gates & Inverters，再选择 74LS08，如图 3.1.11 所示。

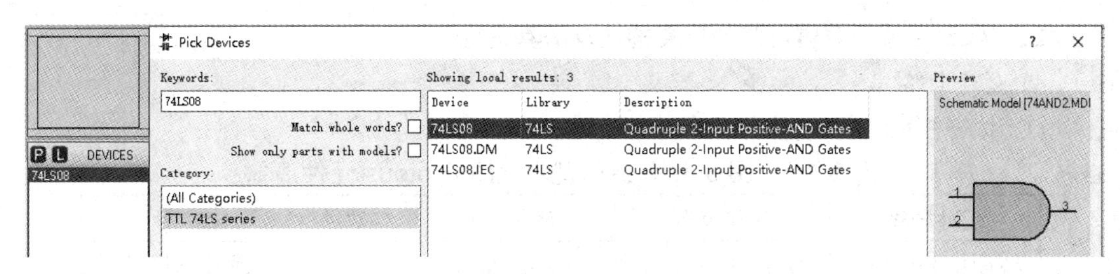

图 3.1.11　选择 74LS08

在结果列表框中寻找符合要求的 74LS08 并双击，在 Proteus 主界面的元件列表中就会出现刚才选择的元件，如图 3.1.11 所示。这时单击元件名称 74LS08，将 74LS08 调出并放置在原理图编辑区。

(2) 在原理图编辑区按图 3.1.12 连线，建立仿真实验电路。

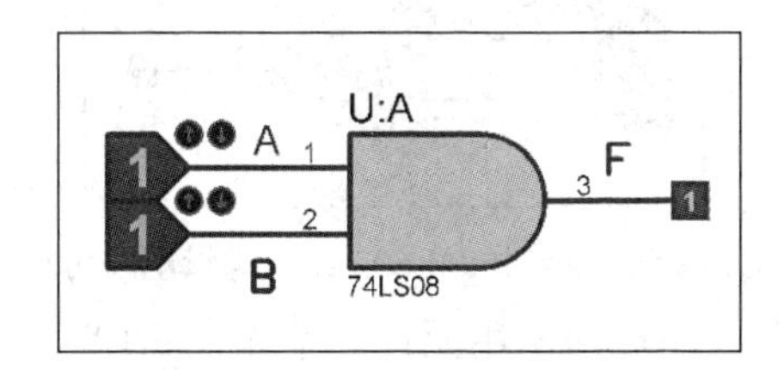

图 3.1.12　Proteus 中 74LS08 与门逻辑电路仿真电路

Proteus 中 74LS08 与门逻辑电路所用元件清单如表 3.1.6 所示。

表 3.1.6　图 3.1.12 与门逻辑电路的 Proteus 元件清单

元件名称	所在大类	所在子类	数量	备　注
LOGICPROBE	Debugging Tools	Logic Probe	1	逻辑电平探测器
LOGICSTATE	Debugging Tools	Logic Stimuli	2	逻辑状态输入
74LS08	TTL 74LS series	Gates & Inverters	1	与门

2) 仿真测试

(1) 打开仿真开关。

(2) 用鼠标单击逻辑状态输入 LOGICSTATE(A、B)，可实现在 0 和 1 之间切换。观察逻辑电平探测器 LOGICPROBE(F)的状态变化，并将结果填入表 3.1.7 中，从而理解和掌握 74LS08 与门逻辑电路的工作原理。

表 3.1.7　74LS08 与门逻辑电路仿真数据

输入逻辑		输出逻辑状态
A	B	F
0	0	
0	1	
1	0	
1	1	

2. 74LS32 或门逻辑电路的仿真构建及仿真运行

1) 创建电路

(1) 按表 3.1.8 放置元件。

表 3.1.8　图 3.1.13 或门逻辑电路 Proteus 元件清单

元件名称	所在大类	所在子类	数量	备　注
LOGICPROBE	Debugging Tools	Logic Probe	1	逻辑电平探测器
LOGICSTATE	Debugging Tools	Logic Stimuli	2	逻辑状态输入
74LS32	TTL 74LS series	Gates & Inverters	1	或门

(2) 在原理图编辑区按图 3.1.13 连线，建立仿真实验电路。

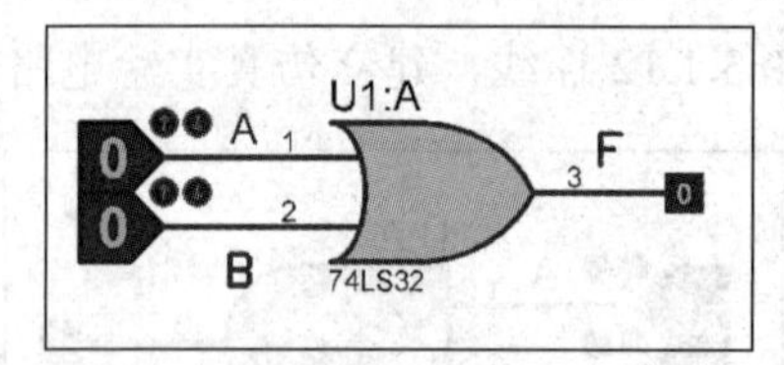

图 3.1.13　Proteus 中 74LS32 或门逻辑电路仿真电路

Proteus 中 74LS32 或门逻辑电路所用元件清单如表 3.1.8 所示。

2) 仿真测试

(1) 打开仿真开关。

(2) 用鼠标单击逻辑状态输入 LOGICSTATE(A、B)，可实现在 0 和 1 之间切换。观察逻辑电平探测器 LOGICPROBE(F)的状态变化，并将结果填入表 3.1.9 中，从而理解和掌握 74LS32 或门逻辑电路的工作原理。

表 3.1.9　74LS32 或门逻辑电路仿真数据

输入逻辑		输出逻辑状态
A	B	F
0	0	
0	1	
1	0	
1	1	

3. 74LS04 非门逻辑电路的仿真构建及仿真运行

1) 创建电路

(1) 按表 3.1.10 放置元件。

表 3.1.10　图 3.1.14 中的 Proteus 元件清单

元件名称	所在大类	所在子类	数量	备　注
LOGICPROBE	Debugging Tools	Logic Probe	1	逻辑电平探测器
LOGICSTATE	Debugging Tools	Logic Stimuli	1	逻辑状态输入
74LS04	TTL 74LS series	Gates & Inverters	1	非门

(2) 在原理图编辑区按图 3.1.14 连线，建立仿真实验电路。

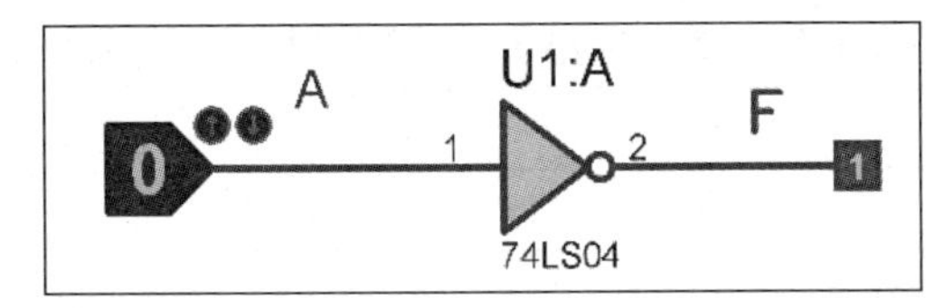

图 3.1.14　Proteus 中 74LS04 非门逻辑电路仿真电路

Proteus 中 74LS04 非门逻辑电路所用元件清单如表 3.1.10 所示。

2) 仿真测试

(1) 打开仿真开关。

(2) 用鼠标单击逻辑状态输入 LOGICSTATE(A)，可实现在 0 和 1 之间切换。观察逻辑电平探测器 LOGICPROBE(F)的状态变化，并将结果填入表 3.1.11 中，从而理解和掌握 74LS04 非门逻辑电路的工作原理。

表 3.1.11　74LS04 非门逻辑电路仿真数据

输入逻辑	输出逻辑状态
A	F
0	
1	

4. 74LS00 与非门逻辑电路的仿真构建及仿真运行

1) 创建电路

(1) 按表 3.1.12 放置元件。

(2) 在原理图编辑区按图 3.1.15 连线，建立仿真实验电路。

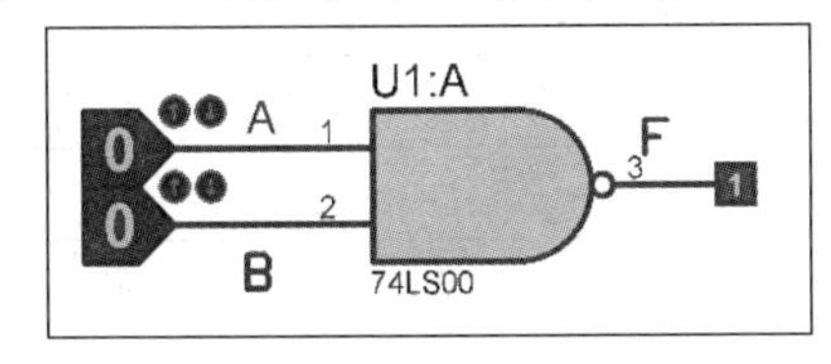

图 3.1.15　Proteus 中 74LS00 与非门逻辑电路仿真电路

Proteus 中 74LS00 与非门逻辑电路所用元件清单如表 3.1.12 所示。

表 3.1.12　图 3.1.15 中的 Proteus 元件清单

元件名称	所在大类	所在子类	数量	备　注
LOGICPROBE	Debugging Tools	Logic Probe	1	逻辑电平探测器
LOGICSTATE	Debugging Tools	Logic Stimuli	2	逻辑状态输入
74LS00	TTL 74LS series	Gates & Inverters	1	与非门

2) 仿真测试

(1) 打开仿真开关。

(2) 用鼠标单击逻辑状态输入 LOGICSTATE(A、B)，可实现在 0 和 1 之间切换。观察逻辑电平探测器 LOGICPROBE(F)的状态变化，并将结果填入表 3.1.13 中，从而理解和掌握 74LS00 与非门逻辑电路的工作原理。

表 3.1.13　74LS00 与非门逻辑电路仿真数据

输入逻辑		输出逻辑状态
A	B	F
0	0	
0	1	
1	0	
1	1	

5. 74LS02 或非门逻辑电路的仿真构建及仿真运行

1) 创建电路

(1) 按表 3.1.14 放置元件。

(2) 在原理图编辑区按图 3.1.16 连线，建立仿真实验电路。

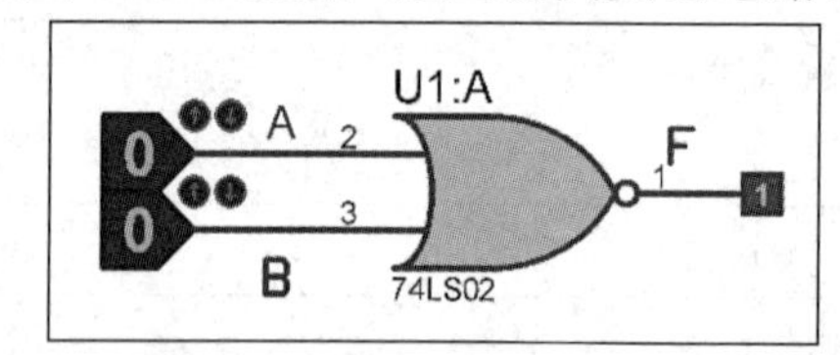

图 3.1.16　Proteus 中 74LS02 或非门逻辑电路仿真电路

Proteus 中 74LS02 或非门逻辑电路所用元件清单如表 3.1.14 所示。

表 3.1.14　图 3.1.16 Proteus 元件清单

元件名称	所在大类	所在子类	数量	备　注
LOGICPROBE	Debugging Tools	Logic Probe	1	逻辑电平探测器
LOGICSTATE	Debugging Tools	Logic Stimuli	2	逻辑状态输入
74LS02	TTL 74LS series	Gates & Inverters	1	或非门

2) 仿真测试

(1) 打开仿真开关。

(2) 用鼠标单击逻辑状态输入 LOGICSTATE(A、B)，可实现在 0 和 1 之间切换。观察逻辑电平探测器 LOGICPROBE(F)的状态变化，并将结果填入表 3.1.15 中，从而理解和掌握 74LS02 或非门逻辑电路的工作原理。

表 3.1.15　74LS02 或非门逻辑电路仿真数据

输入逻辑		输出逻辑状态
A	B	F
0	0	
0	1	
1	0	
1	1	

实验项目 2　用基本逻辑门电路与或式实现逻辑函数

一、硬件实验

1. 实验目的

(1) 熟悉与或式电路实现三人举手表决逻辑函数的基本原理；

(2) 验证用与或式电路实现三人举手表决逻辑函数的功能。

2. 实验预习要求

(1) 复习与或式电路实现三人举手表决逻辑函数的原理和推导步骤；

(2) 复习基本逻辑门电路的引脚和布线方法。

3. 实验原理

三人举手表决指的是 3 个人表决一件事情，结果按“少数服从多数”的原则决定，即有 2 个或 2 个以上的人同意时，该事件就通过。用 A、B 和 C 分别代表 3 个表决人的表决态度，其中“同意”用逻辑 1 表示，“不同意”用逻辑 0 表示，F 代表表决的结果，“通过”用逻辑 1 表示，“不通过”用逻辑 0 表示，则三人举手表决的真值表如表 3.2.1 所示。

表 3.2.1　三人举手表决真值表

输入逻辑			输出逻辑状态
A	B	C	F
0	0	0	0
0	0	1	0
0	1	0	0
0	1	1	1
1	0	0	0
1	0	1	1
1	1	0	1
1	1	1	1

从中可以看出，当且仅当有 2 个或 2 个以上的人同意的时候，该事件才会被通过。该函数可以表示为 $F = AB + BC + AC$ 。其逻辑符号原理图如图 3.2.1 所示。

从图中可以看出，输入变量 A、B 和 C 分别两两相与之后，再通过 2 个或门，最后得到表决结果 F。

4. 实验设备及器件

(1) 数字电路实验箱 1 台；

(2) 74LS08 芯片 1 片；

(3) 74LS32 芯片 1 片；

(4) 导线若干。

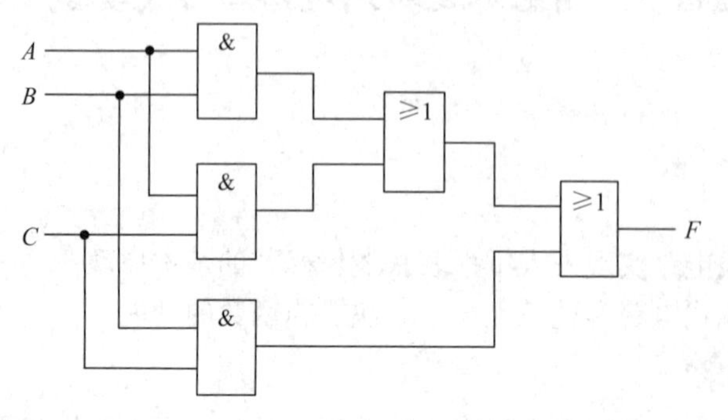

图 3.2.1　与或式电路实现三人举手表决原理图

5. 实验内容及步骤

与或式电路实现三人举手表决逻辑函数功能验证步骤如下：

(1) 将 74LS08 和 74LS32 芯片插入实验箱对应插槽，确保引脚一一对齐，再分别将其 14 号引脚接电源，7 号引脚接地。

(2) 接通实验箱电源。

(3) 根据图 3.1.2 的 74LS08 引脚图和图 3.1.4 的 74LS32 引脚图，按照图 3.2.1 的连接顺序，进行连线。其中 *A*、*B* 和 *C* 分别接实验箱上的开关 K0、K1 和 K2。最终输出结果 *F* 接小灯泡 Y0。

(4) 观察 *A*、*B* 和 *C* 的输入取不同电平的时候，输出端 *F* 的变化，并记录下来。记录结果应与表 3.2.1 一致。

二、仿真实验

1) 创建电路

(1) 放置 74LS08/74LS32。

在对象栏中单击器件模式按钮，然后单击 P 按钮。分别在关键词中输入 74LS08/74LS32，选择所在大类 TTL74LS series、所在子类 Gates & Inverters，再选择 74LS08/74LS32 芯片，如图 3.2.2 所示。

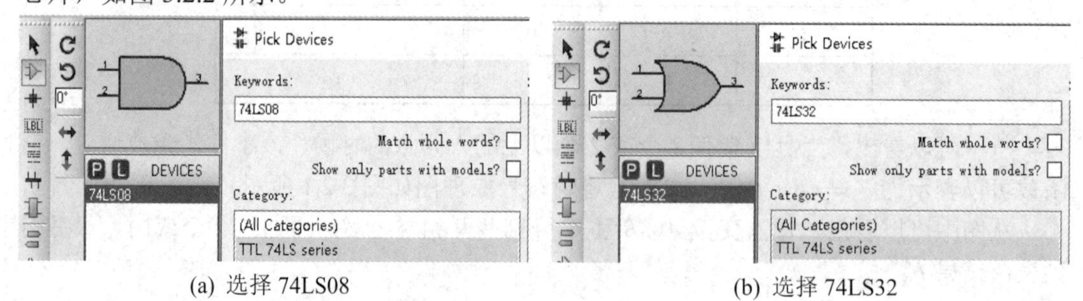

(a) 选择 74LS08　　　　(b) 选择 74LS32

图 3.2.2　选择 74LS08/74LS32

在结果列表框中寻找符合要求的 74LS08/74LS32 并双击，在 Proteus 主界面的元件列表中就会出现刚才选择的元件，如图 3.2.2 所示。单击元件名称 74LS08/74LS32，将 74LS08/74LS32

调出并放置在原理图编辑区。

(2) 在原理图编辑区按图 3.2.3 连线，建立仿真实验电路。

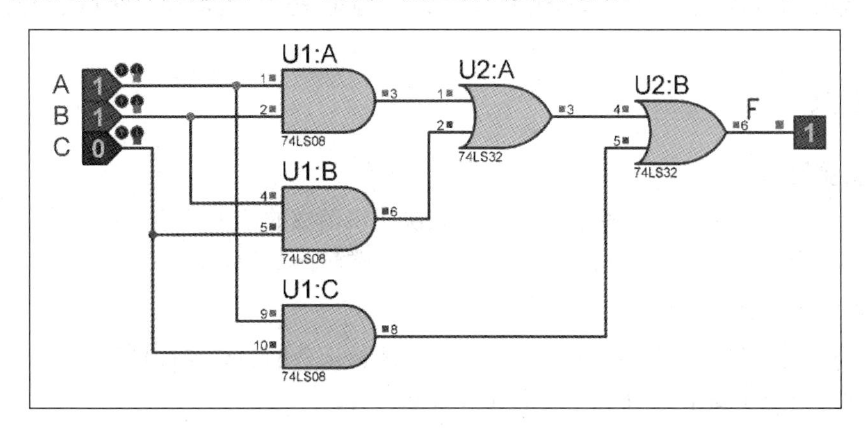

图 3.2.3　Proteus 中基本逻辑门电路与或式实现逻辑函数仿真电路

Proteus 中基本逻辑门电路与或式实现逻辑函数所用元件清单如表 3.2.2 所示。

表 3.2.2　图 3.2.3 中的门电路与或式 Proteus 元件清单

元件名称	所在大类	所在子类	数量	备　注
LOGICPROBE(BIG)	Debugging Tools	Logic Probe	1	逻辑电平探测器
LOGICSTATE	Debugging Tools	Logic Stimuli	3	逻辑状态输入
74LS08	TTL 74LS series	Gates & Inverters	1	与门
74LS32	TTL 74LS series	Gates & Inverters	1	或门

2) 仿真测试

(1) 打开仿真开关。

(2) 用鼠标单击逻辑状态输入 LOGICSTATE(A、B、C)图标，可实现在 0 和 1 之间切换。观察逻辑电平探测器 LOGICPROBE(F)的状态变化，并将结果填入表 3.2.3 中，从而理解和掌握用基本逻辑与或式电路实现逻辑函数的设计方法。

表 3.2.3　门电路与或式实现逻辑函数仿真数据

输入逻辑			输出逻辑状态
A	B	C	F
0	0	0	
0	0	1	
0	1	0	
0	1	1	
1	0	0	
1	0	1	
1	1	0	
1	1	1	

实验项目 3　用基本逻辑门电路与非与非式实现逻辑函数

一、硬件实验

1. 实验目的

(1) 熟悉与非与非式电路实现三人举手表决逻辑函数的基本原理；

(2) 验证用与非与非式电路实现三人举手表决逻辑函数的功能。

2. 实验预习要求

(1) 复习与非与非式电路实现三人举手表决逻辑函数的原理和推导步骤；

(2) 复习基本逻辑门电路的引脚和布线方法。

3. 实验原理

3.2.1 节中用与或式电路实现三人举手表决，其函数表达式为 $F=AB+BC+AC$。同样的逻辑关系还可以用与非与非式来实现，其函数表达式为 $F=\overline{\overline{AB}\cdot\overline{BC}\cdot\overline{AC}}$。其逻辑符号原理图如图 3.3.1 所示。

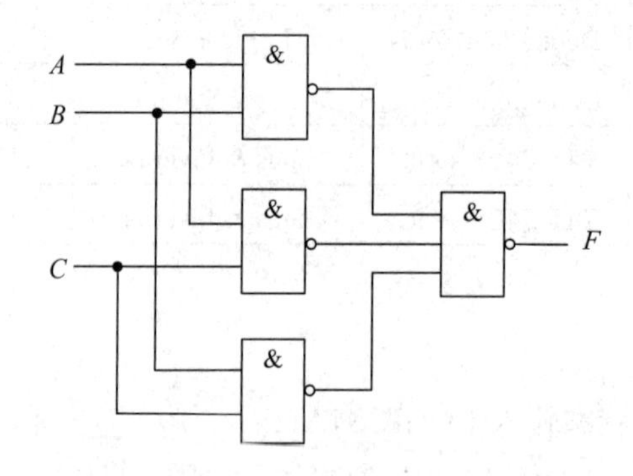

图 3.3.1　与非与非式实现三人举手表决原理图

从图中可以看出，输入变量 A、B 和 C 分别与非完之后，再通过一个 4 输入的与非门(74LS20，其中 1 个输入引脚接高电平)，最后得到表决结果 F 。

4. 实验设备及器件

(1) 数字电路实验箱 1 台；

(2) 74LS00 芯片 1 片；

(3) 74LS20 芯片 1 片；

(4) 导线若干。

5. 实验内容及步骤

与非与非式电路实现三人举手表决逻辑函数功能验证步骤如下：

(1) 将 74LS00 芯片和 74LS20 芯片插入实验箱对应的插槽中，确保引脚一一对齐，分别将其 14 号引脚接电源，7 号引脚接地。

(2) 按照图 3.3.1 的电路图连线。其中 A、B 和 C 分别接 K0、K1 和 K2。前面 3 个与非逻辑关系接 74LS00 中的 3 个与非门，输出结果作为 74LS20 4 输入与非门的 3 个输入端。因为只有 3 个输出结果，所以 74LS20 与非门另 1 个输入引脚直接接高电平(代表输入为 1)，则 74LS20 的输出结果即为 F ，外接一个小灯泡 Y0。

(3) 接通实验箱电源。

(4) 观察 A、B 和 C 的输入取不同电平的时候，输出端 F 的变化，并记录下来。记录结果应与表 3.2.1 相同。

二、仿真实验

1) 创建电路

(1) 放置 74LS00/74LS20。

在对象栏中单击器件模式按钮，然后单击 P 按钮。分别在关键词中输入 74LS00/74LS20，选择所在大类 TTL74LS series、所在子类 Gates & Inverters，再选择 74LS00/74LS20 芯片，如图 3.3.2 所示。

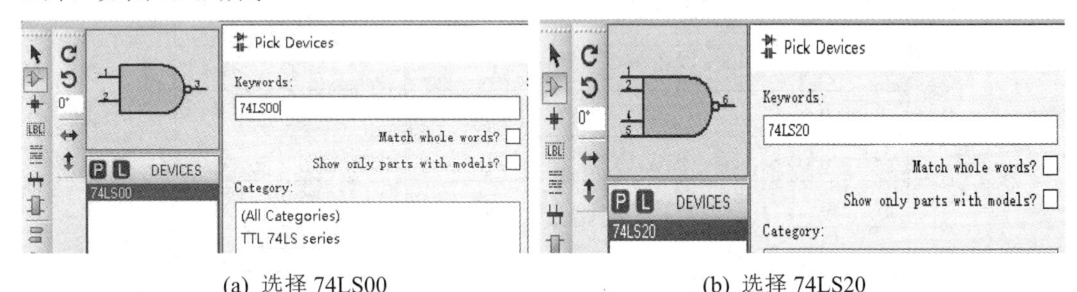

(a) 选择 74LS00　　　　(b) 选择 74LS20

图 3.3.2 选择 74LS00/74LS20

在结果列表框中寻找符合要求的 74LS00/74LS20 并双击，在 Proteus 主界面的元件列表中出现刚才选择的元件，如图 3.3.2 所示。单击元件名称 74LS00/74LS20，将 74LS00/74LS20 调出放置在原理图编辑区。

(2) 在原理图编辑区按图 3.3.3 连线，建立仿真实验电路。

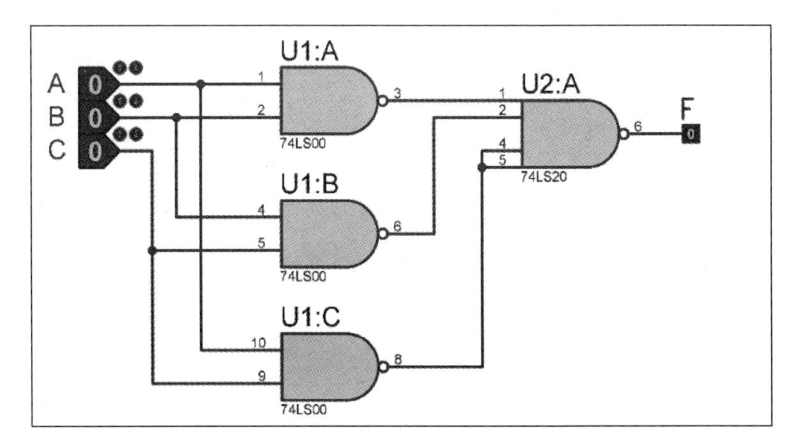

图 3.3.3 Proteus 中基本逻辑门电路与非与非式实现逻辑函数仿真电路

Proteus 中基本逻辑门电路与非与非式实现逻辑函数所用元件清单如表 3.3.1 所示。

表 3.3.1　图 3.3.3 中的门电路与非与非式 Proteus 元件清单

元件名称	所在大类	所在子类	数量	备注
LOGICPROBE(BIG)	Debugging Tools	Logic Probe	1	逻辑电平探测器
LOGICSTATE	Debugging Tools	Logic Stimuli	3	逻辑状态输入
74LS00	TTL 74LS series	Gates & Inverters	1	2 输入与非门
74LS20	TTL 74LS series	Gates & Inverters	1	4 输入与非门

2) 仿真测试

(1) 打开仿真开关。

(2) 用鼠标单击逻辑状态输入 LOGICSTATE(A、B、C)图标，可实现在 0 和 1 之间切换。观察逻辑电平探测器 LOGICPROBE(F)的状态变化，并将结果填入表 3.3.2 中，从而理解和掌握用基本逻辑门电路与非与非式实现逻辑函数的设计方法。

表 3.3.2　门电路与非与非式实现逻辑函数仿真数据

输入逻辑			输出逻辑状态
A	B	C	F
0	0	0	
0	0	1	
0	1	0	
0	1	1	
1	0	0	
1	0	1	
1	1	0	
1	1	1	

实验项目 4　同或门和异或门的验证

一、硬件实验

1. 实验目的

(1) 掌握同或门和异或门的逻辑关系，验证两种门电路的功能；

(2) 掌握与非门构成异或门和同或门逻辑电路原理，验证其电路的功能。

2. 实验预习要求

(1) 熟悉同或门和异或门电路的基本逻辑关系；

(2) 了解同或门和异或门电路的引脚分布及内部结构；

(3) 熟悉用与非门构成异或门和同或门的电路原理及逻辑关系。

3. 实验原理

1) “异或”逻辑门电路

“异或”逻辑指的是两个变量相同时为 0，相异时为 1 的逻辑关系。其逻辑表达式为 $F = A \oplus B$，其逻辑符号如图 3.4.1 所示。

“异或”逻辑的真值表如表 3.4.1 所示，从中可以看出，当两个变量 A 和 B 取值相同时，输出变量 F 为 0，反之，输出变量 F 为 1。

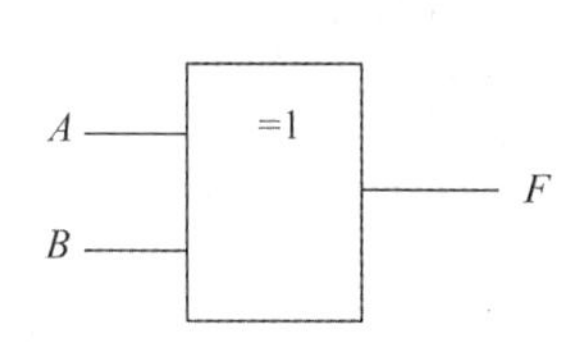

图 3.4.1　“异或”逻辑的逻辑符号

表 3.4.1　“异或”逻辑的真值表

输入逻辑		输出逻辑状态
A	B	F
0	0	0
0	1	1
1	0	1
1	1	0

“异或”逻辑的逻辑芯片是 74LS86。该芯片的引脚图如图 3.4.2 所示。

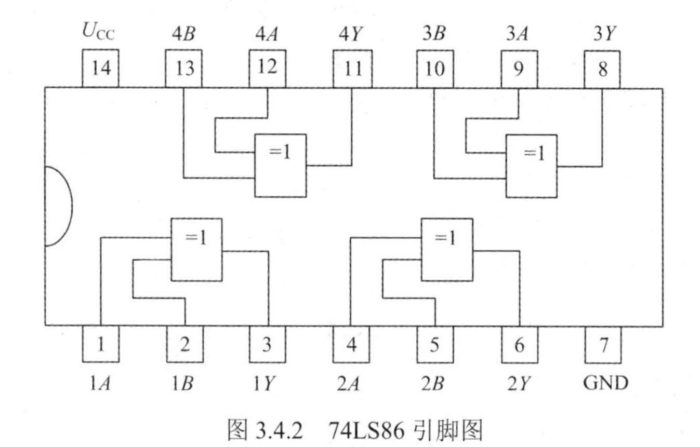

图 3.4.2　74LS86 引脚图

74LS86 芯片由 4 个“异或”门组成，各组功能是相同的。当引脚 1A 和 1B 分别取高电平或低电平时，在输出端 1Y 会有相应的输出。其输入、输出关系遵循表 3.4.1 中的逻辑关系。

2) “同或”逻辑门电路

“同或”逻辑指的是两个变量相同时为 1，相异时为 0 的逻辑关系。其逻辑表达式为 $F = A \odot B$，其逻辑符号如图 3.4.3 所示。

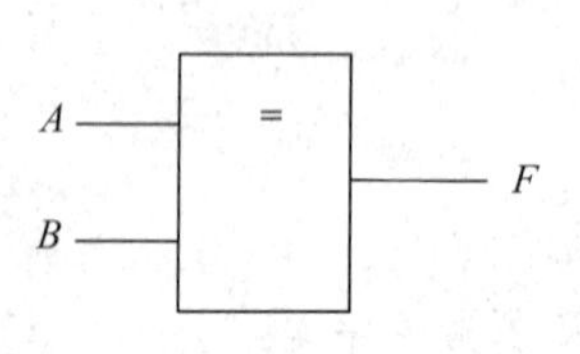

图 3.4.3　“同或”逻辑的逻辑符号

表 3.4.2　“同或”逻辑的真值表

输入逻辑		输出逻辑状态
A	B	F
0	0	1
0	1	0
1	0	0
1	1	1

“同或”逻辑的真值表如表 3.4.2 所示，从中可以看出，当两个变量 A 和 B 取值相同时，输出变量 F 为 1；反之，输出变量 F 为 0。

同或门一般很少，常用同或门 CD4077 或者异或门的非来实现。

“同或”逻辑的逻辑芯片是 CD4077。该芯片的引脚图如图 3.4.4 所示。

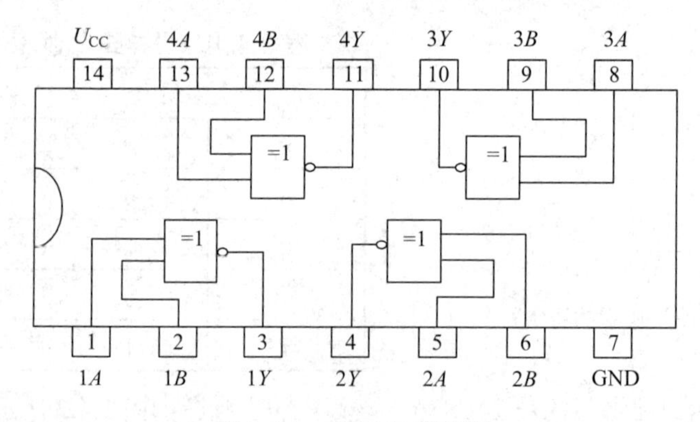

图 3.4.4　CD4077 引脚图

同或逻辑的逻辑表达式为 $F = A \odot B = \overline{A \oplus B}$。

因此我们可以通过在异或门的后面再加一个非门来实现同或门，其原理图如图 3.4.5 所示。

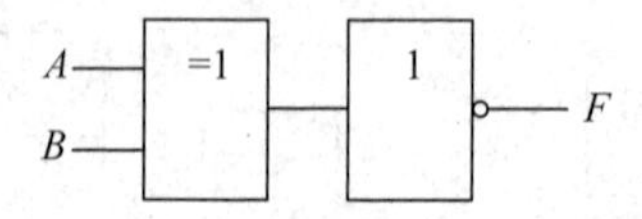

图 3.4.5　“异或”门和“非门”组成“同或”门逻辑符号

4. 实验设备及器件

(1) 数字电路实验箱 1 台；

(2) 74LS86 芯片 1 片；

(3) 74LS04 芯片 1 片；

(4) CD4077 芯片 1 片；

(5) 导线若干。

5. 实验内容及步骤

1) 异或门的验证

(1) 将一片 74LS86 芯片插入实验箱对应插槽，确保引脚一一对齐。将其 14 号引脚接电源，7 号引脚接地。

(2) 按照图 3.4.2 中的引脚图连线，其中 1*A* 引脚接开关 K0，1*B* 引脚接开关 K1，1*Y* 引脚接灯泡 Y0。

(3) 接通实验箱电源。

(4) 观察输入端取不同输入组合时输出端的变化，并记录下来。记录结果应与表 3.4.1 相同。

2) 同或门的验证

(1) 将一片 CD4077 芯片插入实验箱对应插槽，确保引脚一一对齐。将其 14 号引脚接电源，7 号引脚接地。

(2) 按照图 3.4.4 中的引脚图连线，其中 1*A* 引脚接开关 K0，1*B* 引脚接开关 K1，1*Y* 引脚接灯泡 Y0。

(3) 接通实验箱电源。

(4) 观察输入端取不同输入组合时输出端的变化，并记录下来。记录结果应与表 3.4.2 相同。

3) 同或门的验证

(1) 将一片 74LS86 和一片 74LS04 芯片插入实验箱对应插槽，确保引脚一一对齐，再分别将其 14 号引脚接电源，7 号引脚接地。

(2) 按照图 3.4.5 中的连接关系连线，其中 74LS86 的 1*A* 引脚接开关 K0，1*B* 引脚接开关 K1，1*Y* 引脚接 74LS04 的任意一个非门的输入，然后从 74LS04 的对应输出引出来一根线接灯泡 Y0。

(3) 接通实验箱电源。

(4) 观察输入端取不同输入组合时输出端的变化，并记录下来。记录结果应与表 3.4.2 相同。

二、仿真实验

1. 74LS86 异或逻辑电路的仿真构建及仿真运行

1) 创建电路

(1) 放置 74LS86。

在对象栏中单击器件模式按钮 ，然后单击 P 按钮。在关键词中输入 74LS86，选择所在大类 TTL74LS series、所在子类 Gates & Inverters，再选择 74LS86，如图 3.4.6 所示。

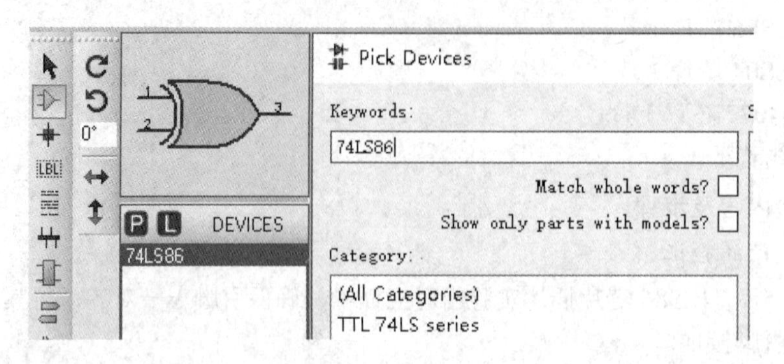

图 3.4.6　选择 74LS86

在结果列表框中寻找符合要求的 74LS86 并双击，在 Proteus 主界面的元件列表中出现刚才选择的元件。这时单击元件名称 74LS86，将 74LS86 调出并放置在原理图编辑区。

(2) 在原理图编辑区按图 3.4.7 连线，建立仿真实验电路。

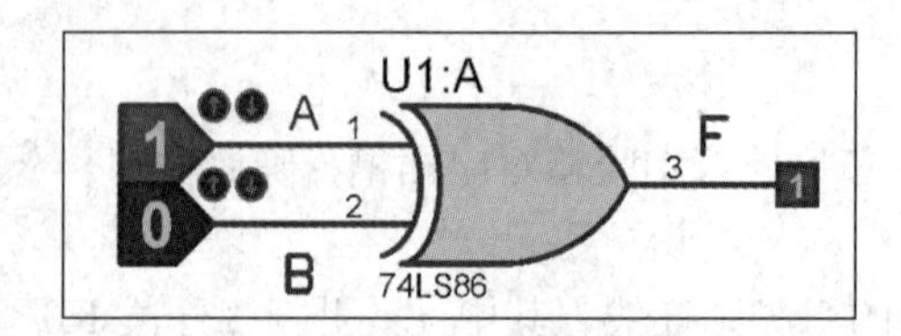

图 3.4.7　Proteus 中 74LS86 异或门逻辑电路仿真电路

Proteus 中 74LS86 异或门逻辑电路所用元件清单如表 3.4.3 所示。

表 3.4.3　图 3.4.7 中异或门逻辑电路的 Proteus 元件清单

元件名称	所在大类	所在子类	数量	备　注
LOGICPROBE	Debugging Tools	Logic Probe	1	逻辑电平探测器
LOGICSTATE	Debugging Tools	Logic Stimuli	2	逻辑状态输入
74LS86	TTL 74LS series	Gates & Inverters	1	异或门

2) 仿真测试

(1) 打开仿真开关。

(2) 用鼠标单击逻辑状态输入 LOGICSTATE(A、B)图标，可实现在 0 和 1 之间切换。观察逻辑电平探测器 LOGICPROBE(F)的状态变化，并将结果填入表 3.4.4 中，从而理解和掌握用 74LS86 实现异或门逻辑电路的设计方法。

表 3.4.4　异或门逻辑电路仿真数据

输入逻辑		输出逻辑状态
A	B	F
0	0	
0	1	
1	0	
1	1	

2. 同或门逻辑电路的仿真构建及仿真运行

1) 创建电路

(1) 按表 3.4.5 放置元件。

(2) 在原理图编辑区按图 3.4.8 连线，建立仿真实验电路。同或门一般很少，用同或门 CD4077 或者异或门的非实现。

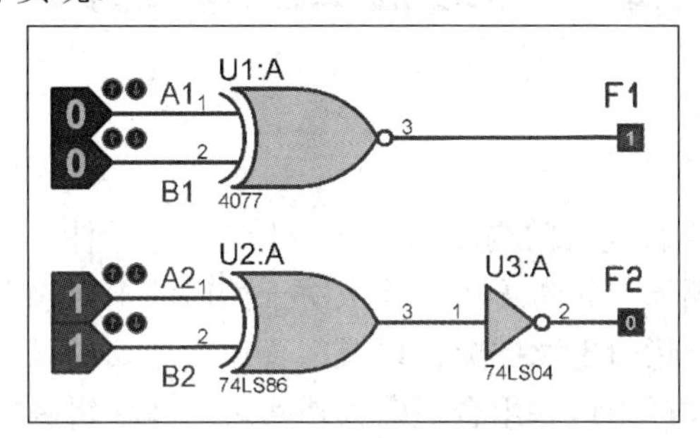

图 3.4.8 Proteus 中同或门逻辑电路仿真电路

Proteus 中同或门逻辑电路所用元件清单如表 3.4.5 所示。

表 3.4.5 图 3.4.8 中同或门逻辑电路的 Proteus 元件清单

元件名称	所在大类	所在子类	数量	备 注
LOGICPROBE	Debugging Tools	Logic Probe	2	逻辑电平探测器
LOGICSTATE	Debugging Tools	Logic Stimuli	4	逻辑状态输入
74LS86	TTL 74LS series	Gates & Inverters	1	异或门
CD4077	TTL 74LS series	Gates & Inverters	1	同或门
74LS04	TTL 74LS series	Gates & Inverters	1	非门

2) 仿真测试

(1) 打开仿真开关。

(2) 用鼠标单击逻辑状态输入 LOGICSTATE(A1、B1、A2、B2)，可实现在 0 和 1 之间切换。观察逻辑电平探测器 LOGICPROBE(F1、F2)的状态变化，并将结果填入表 3.4.6 中，从而理解和掌握分别用 CD4077 同或门和异或门的非实现同或门逻辑电路的设计方法。

表 3.4.6 同或门逻辑电路仿真数据

输入逻辑				输出逻辑状态	
A1	B1	A2	B2	F1	F2
0	0	0	0		
0	1	0	1		
1	0	1	0		
1	1	1	1		

第 4 章　组合逻辑电路实验

组合逻辑电路是由组合逻辑门构成的电路，不含记忆元件。其输出不会反馈到输入回路，且电路的输出与电路原来状态无关，只取决于当前的电路输入状态。在组合逻辑电路中，重点要掌握的是组合逻辑电路的分析以及组合逻辑电路的设计。本章节要是验证各个组合逻辑模块的功能，同时用这些组合逻辑模块实现一些逻辑函数和电路设计。本章内容包括 74LS148 编码器、74LS138 译码器、74LS153 双 4 选 1 选择器、74LS151 8 选 1 选择器功能验证以及利用这些芯片实现逻辑函数及实现多片级联的功能。

实验项目 1　74LS148 编码器、74LS138 译码器功能验证

一、硬件实验

1. 实验目的

(1) 验证 74LS148 编码器、74LS138 译码器的功能；

(2) 掌握 74LS148 编码器、74LS138 译码器的引脚连接方法。

2. 实验预习要求

(1) 复习 74LS148 编码器的工作原理和真值表；

(2) 复习 74LS138 译码器的工作原理和真值表。

3. 实验原理

1) 74LS148 编码器

编码器是将输入信号编码为二进制代码的电路。74LS148 编码器是一个优先编码器，它允许几个输入端同时加上信号，电路只对其中优先级最高的信号进行编码。其输入端是低电平有效。I_7 优先级最高，I_0 优先级最低，当且仅当优先级高的所有输入端全部为 1，当前输入端为 0 的时候，才对当前输入端口进行编码。其中 Y_2、Y_1、Y_0 为编码输出端，当输入端有效的时候，输出三位二进制代码，低电平有效。$\overline{EI}$ 为使能端，低电平有效。EO 为使能输出端，编码状态下($\overline{EI}=0$)，若输入信号全部为 1，则 EO = 1；若有有效的输入信号，即有输入端为 0，则 EO = 0。$\overline{GS}$ 是扩展输出端，编码状态下($\overline{EI}=0$)，若输入信号全部为 1，则 $\overline{GS}=0$；若有有效的输入信号，即有输入端为 0，则 $\overline{GS}=1$。其真值表如表 4.1.1 所示。

表 4.1.1　74LS148 编码器逻辑功能真值表

输入逻辑									输出逻辑状态		
$\overline{EI}$	I_0	I_1	I_2	I_3	I_4	I_5	I_6	I_7	编码	EO	$\overline{GS}$
1	×	×	×	×	×	×	×	×	111	1	1
0	1	1	1	1	1	1	1	1	111	1	0
0	×	×	×	×	×	×	×	0	000	0	1
0	×	×	×	×	×	×	0	1	001	0	1
0	×	×	×	×	×	0	1	1	010	0	1
0	×	×	×	×	0	1	1	1	011	0	1
0	×	×	×	0	1	1	1	1	100	0	1
0	×	×	0	1	1	1	1	1	101	0	1
0	×	0	1	1	1	1	1	1	110	0	1
0	0	1	1	1	1	1	1	1	111	0	1

74LS148 编码器的引脚图如图 4.1.1 所示。

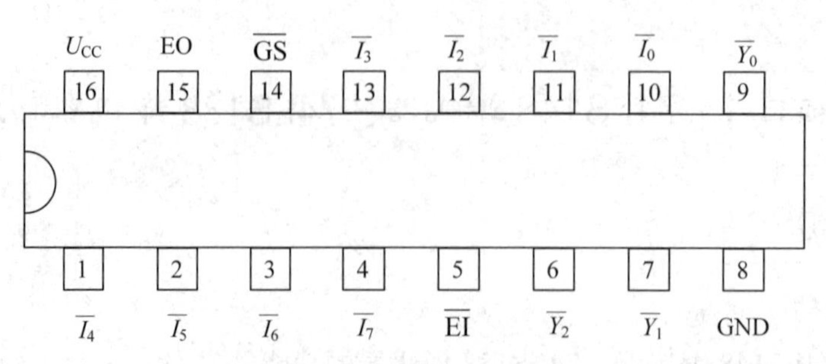

图 4.1.1　74LS148 编码器的引脚图

2) 74LS138 译码器

与编码器相反，译码器是将 n 位二进制代码转换为 m 位译码输出的电路。74LS138 译码器是一种典型的二进制全译码器。它有 3 个地址输入端 A、B、C，8 个输出端 Y_0～Y_7，低电平有效。所以常叫 3-8 线译码器。其真值表如表 4.1.2 所示。其中 S_1、$\overline{S}_2$、$\overline{S_3}$ 为使能输入端。当 S_1=1、$\overline{S}_2=\overline{S}_3=0$ 时正常译码，此时任一组代码输入只有与之相应的一个输出端输出 0，其余输出均为 1；当 $S_1=0$ 或者 $\overline{S}_2$ 和 $\overline{S_3}$ 中有一个为 1 时，译码器处于禁止状态，输出 Y_0～Y_7 均为 1，与输入变量的取值无关。

表 4.1.2　74LS138 译码器逻辑功能真值表

输入逻辑					输出逻辑状态							
使能输入端		地址输入端										
S_1	$\overline{S}_2+\overline{S}_3$	A_2	A_1	A_0	Y_0	Y_1	Y_2	Y_3	Y_4	Y_5	Y_6	Y_7
0	×	×	×	×	1	1	1	1	1	1	1	1
×	1	×	×	×	1	1	1	1	1	1	1	1
1	0	0	0	0	0	1	1	1	1	1	1	1
1	0	0	0	1	1	0	1	1	1	1	1	1
1	0	0	1	0	1	1	0	1	1	1	1	1
1	0	0	1	1	1	1	1	0	1	1	1	1
1	0	1	0	0	1	1	1	1	0	1	1	1
1	0	1	0	1	1	1	1	1	1	0	1	1
1	0	1	1	0	1	1	1	1	1	1	0	1
1	0	1	1	1	1	1	1	1	1	1	1	0

74LS138 译码器的引脚图如图 4.1.2 所示。

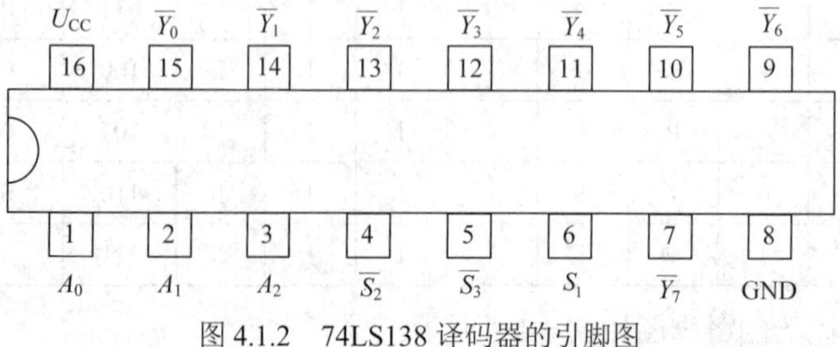

图 4.1.2　74LS138 译码器的引脚图

4. 实验设备及器件

(1) 数字电路实验箱 1 台；

(2) 74LS148 编码器芯片 1 片；

(3) 74LS138 译码器芯片 1 片；

(4) 导线若干。

5. 实验内容及步骤

1) 74LS148 编码器功能验证

(1) 将 74LS148 芯片插入实验箱对应插槽，确保引脚一一对齐。将其 16 号引脚接电源，8 号引脚接地。将输出端 Y_0～Y_2 分别接入实验箱左上角数码管的相应位置，以方便观察编码结果。

(2) 接通实验箱电源。

(3) 按照表 4.1.1 来验证 74LS148 芯片的功能是否正常。

(4) 观察数码显示管的显示，并做好实验记录。

2) 74LS138 译码器功能验证

(1) 将 74LS138 芯片插入实验箱对应插槽，确保引脚一一对齐。将其 16 号引脚接电源，8 号引脚接地。将输入端 A_0～A_2 分别接入实验箱左上角数码管的相应位置，以方便观察译码结果。

(2) 接通实验箱电源。

(3) 按照表 4.1.2 来验证 74LS138 芯片的功能是否正常。

(4) 观察数码显示管的显示，并做好实验记录。

二、仿真实验

1. 74LS148 编码器逻辑功能验证实验仿真构建及仿真运行

1) 创建电路

(1) 放置 74LS148。

在对象栏中单击器件模式按钮 ，然后单击 P 按钮。在关键词中输入 74LS148，选择所在大类 TTL74LS series、所在子类 Encoders，再选择 74LS148，如图 4.1.3 所示。

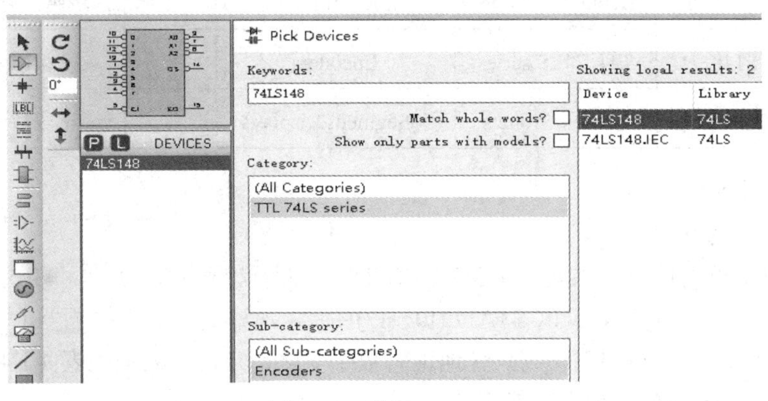

图 4.1.3　选择 74LS148

在结果列表框中寻找符合要求的 74LS148 并双击，然后在 Proteus 主界面的元件列表中就会出现刚才选择的元件。这时单击元件名称 74LS148，将 74LS148 调出并放置在原理图编辑区。

(2) 在原理图编辑区按图 4.1.4 连线，建立仿真实验电路。

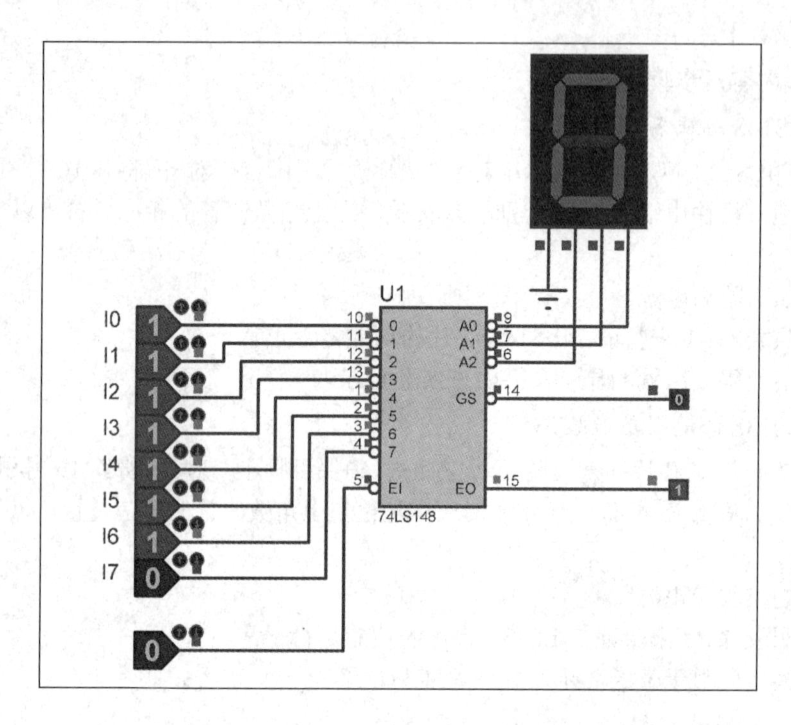

图 4.1.4　Proteus 中 74LS148 编码器逻辑功能仿真电路

Proteus 中 74LS148 编码器逻辑功能所用元件清单如表 4.1.3 所示。

表 4.1.3　图 4.1.4 中 74LS148 编码器逻辑功能所用的 Proteus 元件清单

元件名称	所在大类	所在子类	数量	备注
LOGICPROBE	Debugging Tools	Logic Probe	2	逻辑电平探测器
LOGICSTATE	Debugging Tools	Logic Stimuli	9	逻辑状态输入
74LS148	TTL 74LS series	Encoders	1	编码器
7SEG-BCD	Optoelectronics	7-Segment Displays	1	七段数码管

2) 仿真测试

(1) 打开仿真开关。

(2) 用鼠标单击逻辑状态输入 LOGICSTATE(EI)图标，可实现在 0 和 1 之间切换。再用鼠标单击逻辑状态输入 LOGICSTATE(I0～I7)图标，观察逻辑电平探测器 LOGICPROBE (GS，EO)有无变化，记录 LED 数码管地址码数字变化，并将结果填入表 4.1.4 中，从而理解和掌握 74LS148 编码器逻辑功能。

表 4.1.4　74LS148 编码器逻辑功能仿真数据

输入逻辑									输出逻辑状态		
$\overline{EI}$	I0	I1	I2	I3	I4	I5	I6	I7	编码	EO	$\overline{GS}$
1	×	×	×	×	×	×	×	×			
0	×	×	×	×	×	×	×	0			
0	×	×	×	×	×	×	0	1			
0	×	×	×	×	×	0	1	1			
0	×	×	×	×	0	1	1	1			
0	×	×	×	0	1	1	1	1			
0	×	×	0	1	1	1	1	1			
0	×	0	1	1	1	1	1	1			
0	0	1	1	1	1	1	1	1			
0	1	1	1	1	1	1	1	1			

2. 74LS138 译码器逻辑功能验证实验仿真构建及仿真运行

1) 创建电路

(1) 放置 74LS138。

在对象栏中单击器件模式按钮 ，然后单击 P 按钮。在关键词中输入 74LS138，选择所在大类 TTL74LS series、所在子类 Decoders，再选择 74LS138，如图 4.1.5 所示。

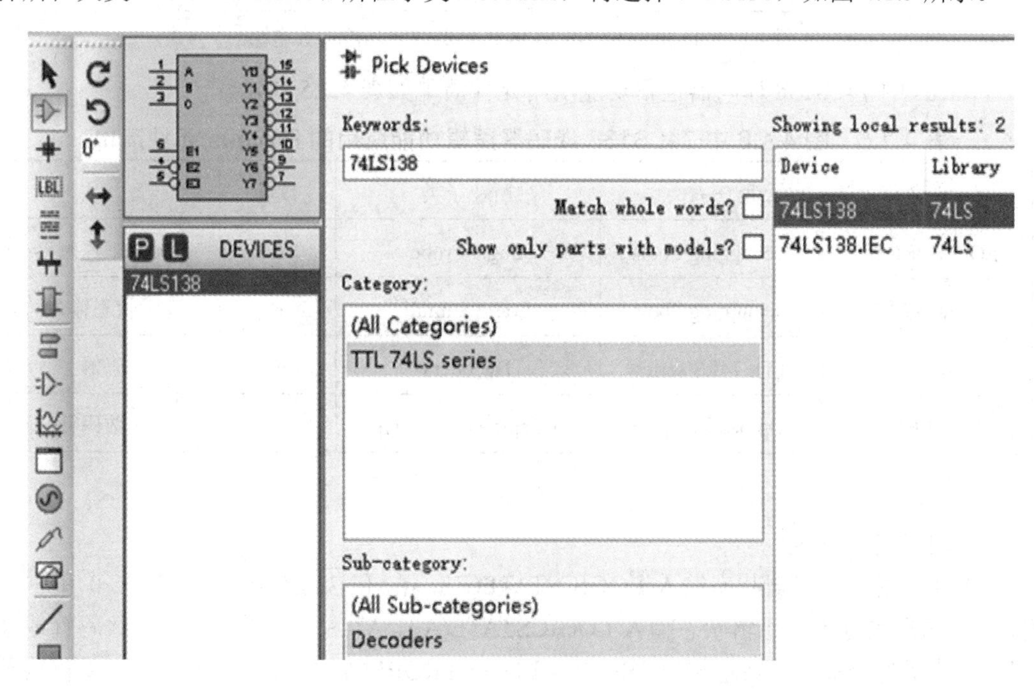

图 4.1.5　选择 74LS138

在结果列表框中寻找符合要求的 74LS138 并双击，在 Proteus 主界面的元件列表中就会出现刚才选择的器件。这时单击元件名称 74LS138，将 74LS138 调出并放置在原理图编辑区。

(2) 在原理图编辑区按图 4.1.6 连线，建立仿真实验电路。

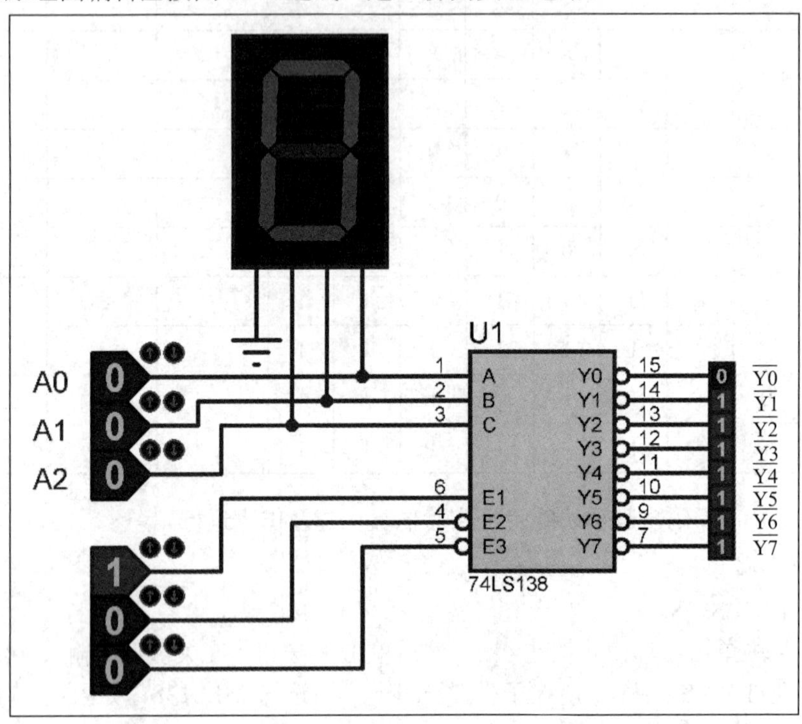

图 4.1.6　Proteus 中 74LS138 译码器逻辑功能仿真电路

Proteus 中 74LS138 译码器逻辑功能所用元件清单如表 4.1.5 所示。

表 4.1.5　图 4.1.6 中 74LS138 译码器逻辑功能所用的 Proteus 元件清单

元件名称	所在大类	所在子类	数量	备　注
LOGICPROBE	Debugging Tools	Logic Probe	8	逻辑电平探测器
LOGICSTATE	Debugging Tools	Logic Stimuli	6	逻辑状态输入
74LS138	TTL 74LS series	Decoders	1	译码器
7SEG-BCD	Optoelectronics	7-Segment Displays	1	七段数码管

2) *仿真测试*

(1) 打开仿真开关。

(2) 用鼠标单击逻辑状态输入 LOGICSTATE(E1、$\overline{E2}$和$\overline{E3}$)图标，可实现在 0 和 1 之间切换。再用鼠标单击逻辑状态输入 LOGICSTATE(A0、A1 和 A2)图标，LED 数码管地址码从 0～7 进行选择。观察逻辑电平探测器 LOGICPROBE($\overline{Y0}$～$\overline{Y7}$)有无变化，并将结果填入表 4.1.6 中，从而理解和掌握 74LS138 译码器的逻辑功能。

表 4.1.6　74LS138 译码器逻辑功能仿真数据

输入逻辑					输出逻辑状态							
使能输入端		地址输入端										
E1	$\overline{E2}+\overline{E3}$	A2	A1	A0	$\overline{Y0}$	$\overline{Y1}$	$\overline{Y2}$	$\overline{Y3}$	$\overline{Y4}$	$\overline{Y5}$	$\overline{Y6}$	$\overline{Y7}$
0	×	×	×	×								
×	1	×	×	×								
1	0	0	0	0								
1	0	0	0	1								
1	0	0	1	0								
1	0	0	1	1								
1	0	1	0	0								
1	0	1	0	1								
1	0	1	1	0								
1	0	1	1	1								

实验项目 2　74LS148 编码器、74LS138 译码器级联功能验证

一、硬件实验

1. 实验目的

(1) 巩固对编码器 74LS148 和译码器 74LS138 功能的理解；

(2) 掌握用多片编码器和译码器实现多位二进制编译码的原理和方法。

2. 实验预习要求

(1) 复习编码器 74LS148 和译码器 74LS138 的工作原理；

(2) 复习用两片编码器 74LS148 扩展成 16-4 线编码器的原理和方法；

(3) 复习用两片译码器 74LS138 扩展为 4-16 线译码器的原理和方法。

3. 实验原理

1) 两片 74LS148 编码器扩展成 16-4 线编码器

编码器 74LS148 是 8-3 线编码器，只能将 8 位的数字信号转化为 3 位的二进制代码。当电路中出现更多的数字信号需要编码的时候，可以用编码器 74LS148 多片级联的方法来实现。用两片 8-3 线优先编码器 74LS148 可以扩展成 16-4 线编码器，其原理图如图 4.2.1 所示。

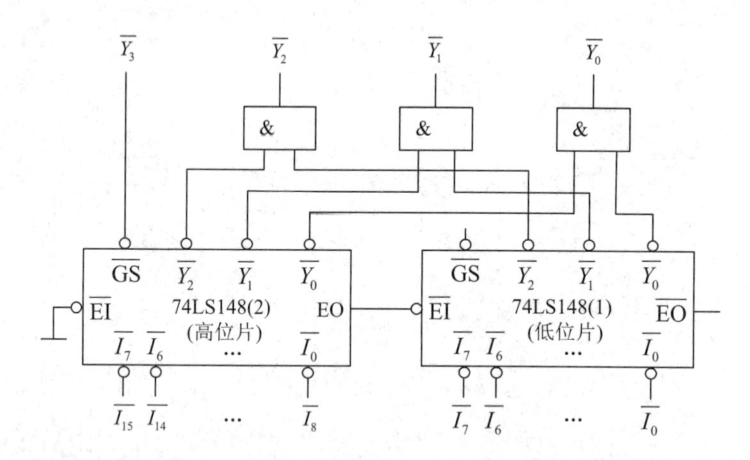

图 4.2.1　两片 8-3 线优先编码器 74LS148 扩展成 16-4 线编码器

如图所示，编码器输入 16 线，用两片 8-3 线编码器，高位为第 2 片，低位为第 1 片。构成的 16-4 线编码器的输入端为 $\overline{I}_{15} \sim \overline{I}_0$，4 个编码输出端为 $\overline{Y}_3 \sim \overline{Y}_0$。高位片本身的 $\overline{I}_7 \sim \overline{I}_0$ 分别对应于 16-4 线编码器的输入端 $\overline{I}_{15} \sim \overline{I}_8$；低位片本身的 $\overline{I}_7 \sim \overline{I}_0$ 分别对应于 16-4 线编码器的输入端 $\overline{I}_7 \sim \overline{I}_0$。低位片的 $\overline{\text{EI}}$ 接到高位片的 $\overline{\text{EO}}$ 上，当高位片的 $\overline{I}_7 \sim \overline{I}_0$ 都为高电平时，$\overline{\text{EI}}$ 将变为低电平，确保低位片可以开始工作。高位片的 $\overline{\text{GS}}$ 作为编码器的扩展输出端 $\overline{Y}_3$。两片的 $\overline{Y}_2 \sim \overline{Y}_0$ 3 个端口分别用与门连接后输出作为 16-4 线编码器的输出端 $\overline{Y}_2 \sim \overline{Y}_0$。因此 $\overline{Y}_3 \sim \overline{Y}_0$ 的输出范围为 0000～1111。

2) 两片 74LS138 译码器扩展为 4-16 线译码器

译码器 74LS138 只能实现 3-8 线的译码功能，利用译码器的使能端可以很方便地扩展译码器的容量。如图 4.2.2 所示，用两片 74LS138 芯片，通过级联，可以实现 4-16 线的译码功能。

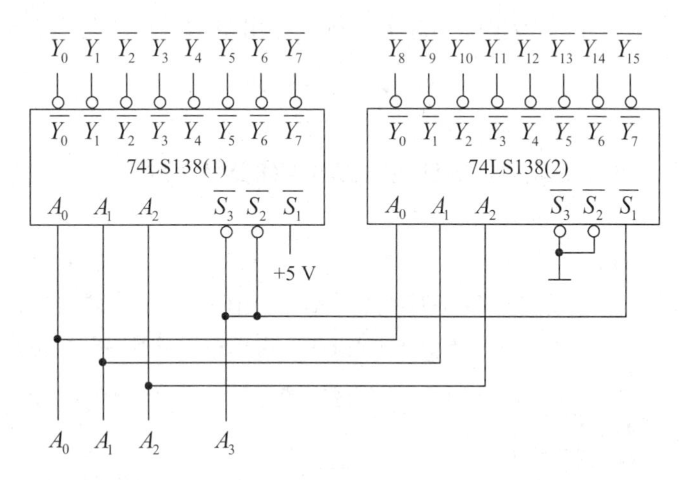

图 4.2.2　两片 74LS138 译码器扩展为 4-16 线译码器

其工作原理为：当 $\overline{S}=1$ 时，两个译码器都禁止工作，$\overline{Y}_{15}\sim\overline{Y}_0$ 输出全为 1。当 $\overline{S}=0$ 时，译码器工作。这时，如果 $\overline{S}_3=A_3=0$，第 2 个芯片(高位片)禁止工作，第 1 个芯片(低位片)工作，输出 $\overline{Y}_0\sim\overline{Y}_7$ 由输入二进制代码 A_2、A_1、A_0 来决定。如果 $\overline{S}_3=A_3=1$，低位片禁止工作，高位片工作，输出 $\overline{Y}_8\sim\overline{Y}_{15}$ 由输入二进制代码 A_2、A_1、A_0 来决定，从而实现了 4-16 线译码器功能。

4. 实验设备及器件

(1) 数字电路实验箱 1 台；

(2) 74LS138 芯片 2 片；

(3) 74LS148 芯片 2 片；

(4) 74LS08 芯片 1 片；

(5) 导线若干。

5. 实验内容及步骤

1) 两片 74LS148 编码器扩展成 16-4 线编码器功能验证

(1) 将两片 74LS148 芯片和一片 74LS08 芯片插入实验箱对应插槽，并按照图 4.2.1 的连线图进行连接。确保引脚一一对齐。将各个芯片的 U_{CC} 引脚接电源，GND 引脚接地。

(2) 将 $\overline{Y}_2\sim\overline{Y}_0$ 分别接实验箱上数码管的高位至低位，以方便观察编码结果。

(3) 接通实验箱电源。

(4) 改变输入端 $\overline{I_{15}}\sim\overline{I_0}$ 的状态，验证 16-4 线编码器的功能是否正常。

(5) 测试数码显示管的功能是否正常。

2) 两片 74LS138 译码器扩展为 4-16 线译码器功能验证

(1) 将两片 74LS138 芯片插入实验箱对应插槽，并按照图 4.2.2 的连线图进行连接。确保引脚一一对齐。将各个芯片的 U_{CC} 引脚接电源，GND 引脚接地。

(2) 将 A_3～A_0 分别接实验箱上数码管的高位至低位，以方便观察编码结果。

(3) 接通实验箱电源。

(4) 改变输入端 A_3～A_0 的状态，验证 4-16 线译码器的功能是否正常。

(5) 将 $\overline{Y}_0$ ～$\overline{Y}_{15}$ 接到实验箱的小灯上，测试输出指示灯功能是否正常。

二、仿真实验

1. 74LS148 编码器级联功能验证实验仿真构建及仿真运行

1) 创建电路

(1) 放置 74LS148。

在对象栏中单击器件模式按钮 ，然后单击 P 按钮。在关键词中输入 74LS148，选择所在大类 TTL74LS series、所在子类 Encoders，再选择 74LS148，如图 4.2.3 所示。

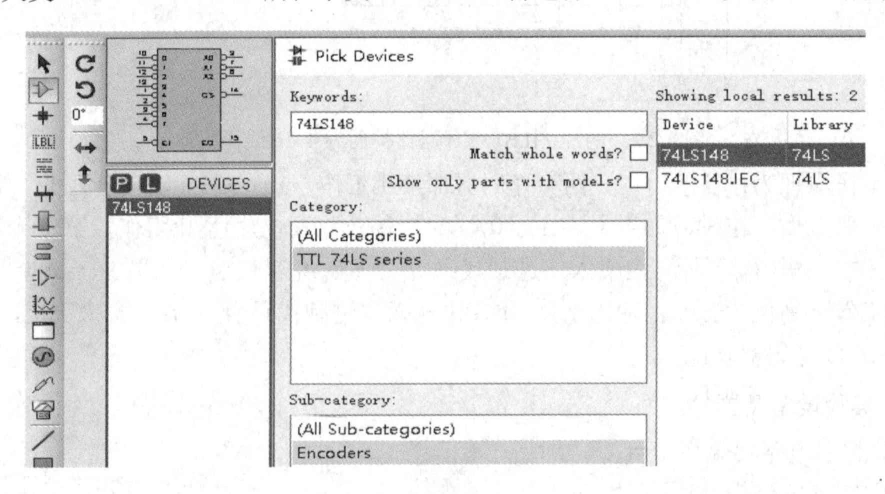

图 4.2.3　选择 74LS148

在结果列表框中寻找符合要求的 74LS148 并双击，在 Proteus 主界面的元件列表中就会出现刚才选择的元件。这时单击元件名称 74LS148，将 74LS148 调出并放置在原理图编辑区。

(2) 在原理图编辑区按图 4.2.4 连线，建立仿真实验电路。

两片 74LS148 有 16 个输入端，可以构成 16-4 线优先编码器。在构成 16-4 线优先编码器时，低位片 U1 的 I'0～I'7 作为 16-4 线优先编码器码器的低 8 位输入端，高位片 U2 的 I'8～I'15 作为 16-4 线优先编码器的高 8 位输入端。16-4 线优先编码器应该有 4 个输出端，可将 U2 的 $\overline{\mathrm{GS}}$ 端通过与门连接，其输出端作为 16-4 线优先编码器的 Y'3 输出端，两片的 A2 端接与门的输入端，与门的输出端作为 16-4 线优先编码器的 Y'2 输出端，两片的 A1 端接与门的输入端，与门的输出端作为 16-4 线优先编码器的 Y'1 输出端，两片的 A0 端接与门的输入端，与门的输出端作为 16-4 线优先编码器的 Y'0 输出端，并把高位片 U2 的 $\overline{\mathrm{EI}}$ 接低电平，低位片 U1 的 $\overline{\mathrm{EI}}$ 接高位片 U2 的 EO，这样可构成 16-4 线优先编码器。

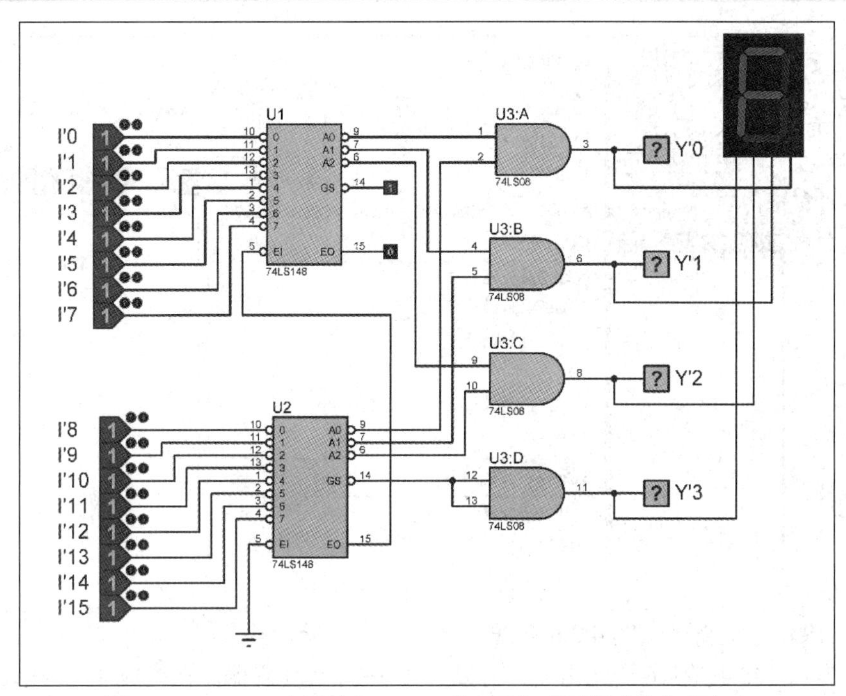

图 4.2.4　Proteus 中两片 74LS148 编码器级联逻辑功能仿真电路

Proteus 中 74LS148 编码器级联逻辑功能所用的元件清单如表 4.2.1 所示。

表 4.2.1　图 4.2.4 中 74LS148 编码器级联逻辑功能所用的 Proteus 元件清单

元件名称	所在大类	所在子类	数量	备　注
LOGICPROBE(BIG)	Debugging Tools	Logic Probe	4	逻辑电平探测器
LOGICSTATE	Debugging Tools	Logic Stimuli	16	逻辑状态输入
74LS148	TTL 74LS series	Encoders	2	编码器
74LS08	TTL 74LS series	Encoders	1	与门
7SEG-BCD	Optoelectronics	7-Segment Displays	1	七段数码管

2) 仿真测试

(1) 打开仿真开关。

(2) 依次用鼠标单击逻辑状态输入 LOGICSTATE(I'15～I'0)图标，观察逻辑电平探测器 LOGICPROBE(BIG)(Y'3～Y'0)有无变化，并记录 LED 数码管十六路地址码数字变化，从而理解和掌握 74LS148 编码器级联逻辑功能。

2. 74LS138 译码器级联功能验证实验仿真构建及仿真运行

1) 创建电路

(1) 放置 74LS138。

在对象栏中单击器件模式按钮，然后单击 P 按钮。在关键词中输入 74LS138，选择所在大类 TTL74LS series、所在子类 Decoders，再选择 74LS138，如图 4.2.5 所示。

在结果列表框中寻找符合要求的 74LS138 并双击，在 Proteus 主界面的元件列表中就会出现刚才选择的器件。这时单击元件名称 74LS138，将 74LS138 调出并放置在原理图编辑区。

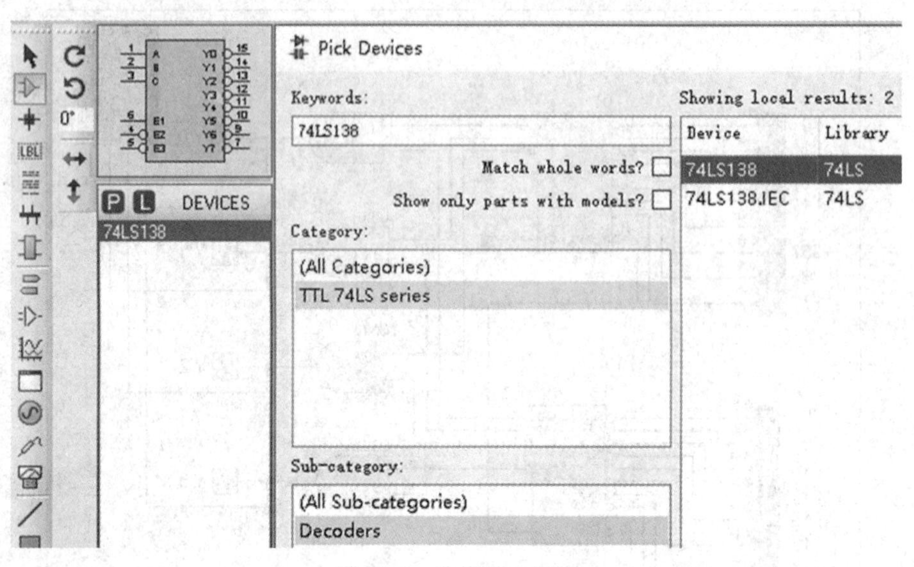

图 4.2.5　选择 74LS138

(2) 在原理图编辑区按图 4.2.6 连线，建立仿真实验电路。

两片 74LS138 共有 16 个输出端，可以构成 4–16 线译码器。在构成 4–16 线译码器时，译码器有 4 个输入端，可将 74LS138 的某个控制端作为第 4 个输入端。若将 U1(低位片)的 E2 和 E3 同时与 U2(高位片)的 E1 端连接，并且作为 4–16 线译码器的 A3 输入端，两片的 C 连接起来作为 4–16 线译码器的 A2 输入端，两片的 B 连接起来作为 4–16 线译码器的 A1 输入端，两片的 A 连接起来作为 4–16 线译码器的 A0 输入端，为保证两片的正常工作，将 U1 的 E1 端接高电平，U2 的 E2、E3 端接低电平。这样连接以后可以构成 4–16 线译码器。

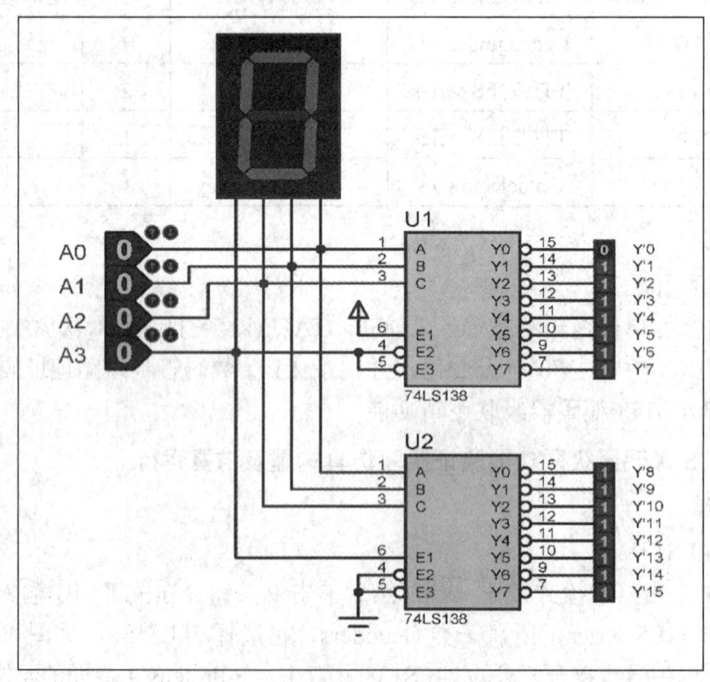

图 4.2.6　Proteus 中 74LS138 译码器级联逻辑功能仿真电路

Proteus 中 74LS138 译码器级联逻辑功能所用元件清单如表 4.2.2 所示。

表 4.2.2　图 4.2.6 中 74LS138 译码器级联逻辑功能所用的 Proteus 元件清单

元件名称	所在大类	所在子类	数量	备　注
LOGICPROBE	Debugging Tools	Logic Probe	16	逻辑电平探测器
LOGICSTATE	Debugging Tools	Logic Stimuli	4	逻辑状态输入
74LS138	TTL 74LS series	Decoders	2	译码器
7SEG-BCD	Optoelectronics	7-Segment Displays	1	七段数码管

2) 仿真测试

(1) 打开仿真开关。

(2) 用鼠标单击逻辑状态输入 LOGICSTATE(A0～A3)图标，可实现在 0 和 1 之间切换，LED 数码管十六路地址码从 0～9、A～F 进行选择。观察逻辑电平探测器 LOGICPROBE (Y'0～Y'15)有无变化，从而理解和掌握 74LS138 译码器级联逻辑功能。

实验项目 3　用 74LS138 译码器实现三人举手表决电路

一、硬件实验

1. 实验目的

(1) 掌握用 74LS138 实现逻辑函数的原理和方法；

(2) 理解用 74LS138 实现三人举手表决电路。

2. 实验预习要求

(1) 复习 74LS138 的功能；

(2) 复习用 74LS138 实现逻辑函数的工作原理。

3. 实验原理

由 74LS138 的真值表可知，如果将一逻辑函数的输入变量加到译码器的译码输入端，则译码输出的每一个输出端都对应一个逻辑函数的最小项。具体来说就是等式 $\overline{Y}_i = \overline{m}_i$ 成立，其中 i 为 74LS138 的 8 个译码输出端口的标号，$0 \leqslant i \leqslant 7$。因此当译码输入端的 3 个变量确定后，可由 74LS138 的译码输出端直接得到这 3 个变量的任意最小项的值。此外，通过逻辑函数的运算原理，逻辑函数都可以化成最小项之和的形式。因此通过 74LS138 可实现任意的逻辑函数。

下面是用 74LS138 实现三人举手表决电路的例子。三人举手表决电路的真值表如表 4.3.1 所示。

表 4.3.1　三人举手表决电路的真值表

A	B	C	F
0	0	0	0
0	0	1	0
0	1	0	0
0	1	1	1
1	0	0	0
1	0	1	1
1	1	0	1
1	1	1	1

三人举手表决电路的逻辑表达式为

$$F = \overline{A}BC + A\overline{B}C + AB\overline{C} + ABC = m_3 + m_5 + m_6 + m_7$$

因此，如果把 A、B、C 三个端口分别接 74LS138 的 A_2、A_1、A_0，则 F 可由 74LS138 的输出端通过一定的运算得到

$$F = m_3 + m_5 + m_6 + m_7 = \overline{\overline{m_3 + m_5 + m_6 + m_7}} = \overline{\overline{m}_3 \times \overline{m}_5 \times \overline{m}_6 \times \overline{m}_7} = \overline{\overline{Y}_3 \times \overline{Y}_5 \times \overline{Y}_6 \times \overline{Y}_7}$$

由上式画电路图，即可用 74LS138 实现三人举手表决电路，如图 4.3.1 所示。

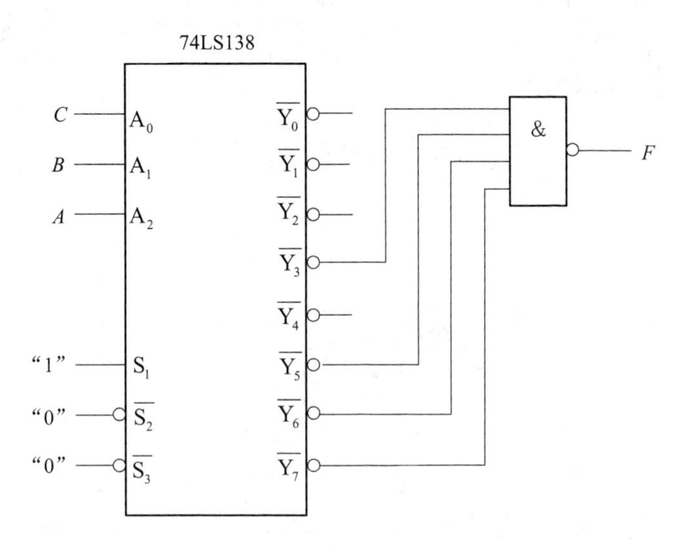

图 4.3.1　用 74LS138 实现三人举手表决的电路

4. 实验设备及器件

(1) 数字电路实验箱 1 台；

(2) 74LS138 和 74LS20 芯片各 1 片；

(3) 导线若干。

5. 实验内容及步骤

1) 用 74LS138 实现三人举手表决电路

(1) 将一片 74LS138 芯片和一片 74LS20 芯片按正确的方法放入数字电路实验箱的相应插座中，确保引脚一一对齐。将 74LS138 芯片的 16 号引脚接电源、8 号引脚接地，将 74LS20 芯片的 14 号引脚接电源、7 号引脚接地。

(2) 按照图 4.3.1 所示的电路图连线，连线后检查各输入、输出端口是否与电路图一致。

2) 测试电路功能

(1) 接通实验箱电源。

(2) 观察输入端取不同输入组合时输出端的变化，并记录下来。记录结果应与表 4.3.1 相同。

二、仿真实验

1) 创建电路

(1) 放置 74LS138。

在对象栏中单击器件模式按钮 ，然后单击 P 按钮。在关键词中输入 74LS138，选择所在大类 TTL74LS series、所在子类 Decoders，再选择 74LS138，如图 4.3.2 所示。

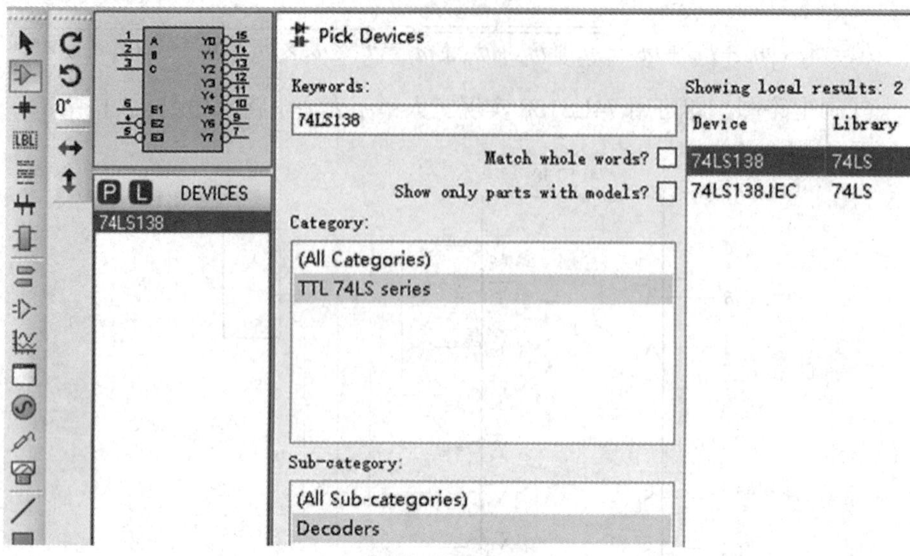

图 4.3.2　选择 74LS138

在结果列表框中寻找符合要求的 74LS138 并双击，在 Proteus 主界面的元件列表中就会出现刚才选择的器件。这时单击元件名称 74LS138，将 74LS138 调出并放置在原理图编辑区。

(2) 在原理图编辑区按图 4.3.3 连线，建立仿真实验电路。

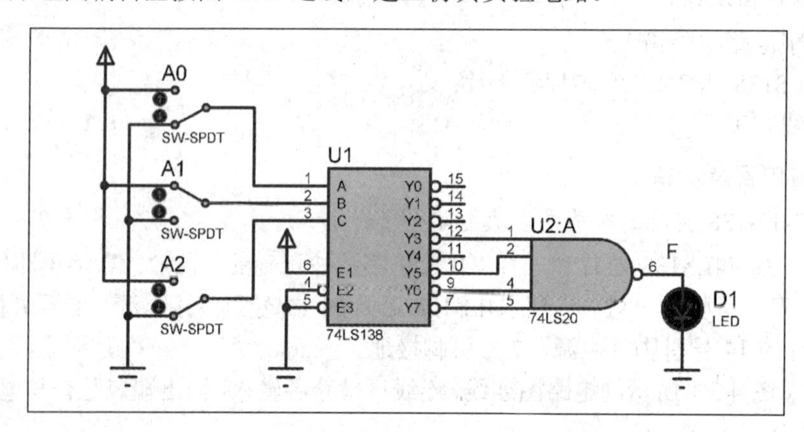

图 4.3.3　Proteus 中用 74LS138 译码器设计三人举手表决电路逻辑功能仿真电路

Proteus 中用 74LS138 译码器设计三人举手表决电路逻辑功能所用元件清单如表 4.3.2 所示。

表 4.3.2　图 4.3.3 用 74LS138 设计三人举手表决电路的 Proteus 元件清单

元件名称	所在大类	所在子类	数量	备　注
74LS138	TTL 74LS series	Decoders	1	译码器
SW-SPDT	Switches & Relays	Switches	3	单刀双掷开关
LED-YELLOW	Optoelectronics	LEDs	1	发光二极管
74LS20	TTL 74LS series	Gates & Inverters	1	四输入与非门

2) 仿真测试

(1) 打开仿真开关。

(2) 用 3 个单刀双掷开关模拟 3 个参与投票选举的参与人。用鼠标分别单击单刀双掷开关(A2、A1、A0)图标，可实现在 1 和 0 之间切换，观察逻辑电平探测器 LED(F)有无变化。如图 4.3.4 所示，例如：三人中有两人同意(011)，选举成立(LED 亮)。

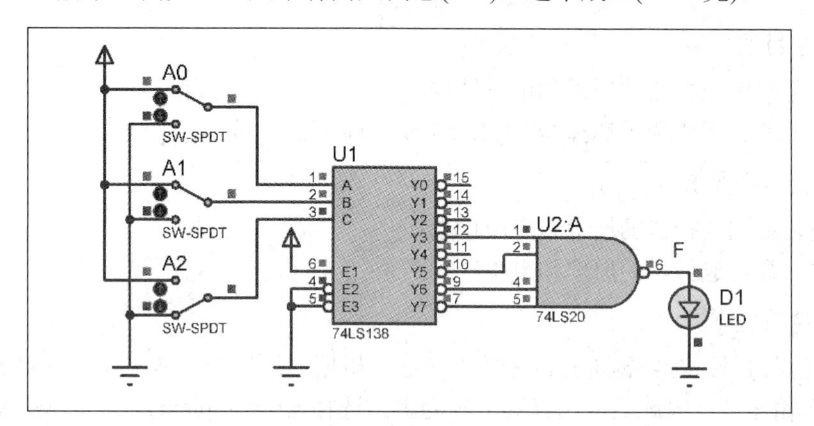

图 4.3.4　Proteus 中用 74LS138 译码器设计三人举手表决电路逻辑功能仿真结果

将实验结果记录在表 4.3.3 中，从而理解和掌握逻辑功能。

表 4.3.3　用 74LS138 译码器设计三人举手表决电路仿真数据

输入逻辑			输出逻辑状态
A2	A1	A0	F
0	0	0	
0	0	1	
0	1	0	
0	1	1	
1	0	0	
1	0	1	
1	1	0	
1	1	1	

实验项目4　4选1选择器74LS153和8选1选择器74LS151验证

一、硬件实验

1. 实验目的

(1) 熟悉数据选择器的原理和电路结构；

(2) 验证和分析4选1选择器74LS153和8选1选择器74LS151的功能。

2. 实验预习要求

(1) 复习数据选择器的概念和应用场景；

(2) 复习数据选择器的原理和电路结构。

3. 实验原理

数据选择器是进行数据选择的电路，它可以根据地址选择码从多路输入数据中选择一路数据送到输出端。因此数据选择器又称为多路选择器(Multiplexer，简称MUX)。数据选择器的示意图如图4.4.1所示。

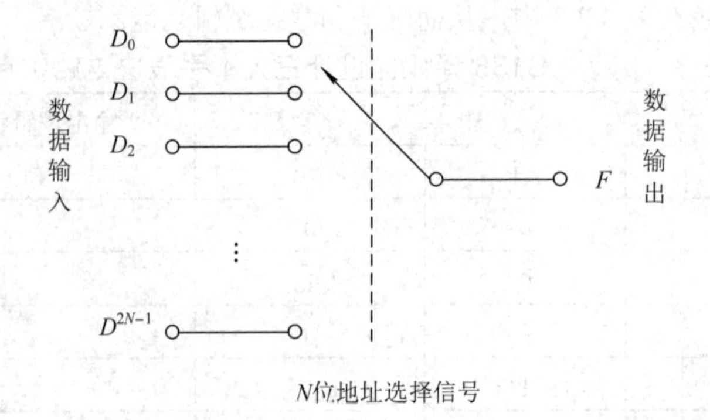

图4.4.1　数据选择器示意图

常用的数据选择器有4选1选择器74LS153和8选1选择器74LS151。它们的芯片引脚图分别如图4.4.2和图4.4.3所示。其中一片74LS153芯片上有两组4选1选择器。

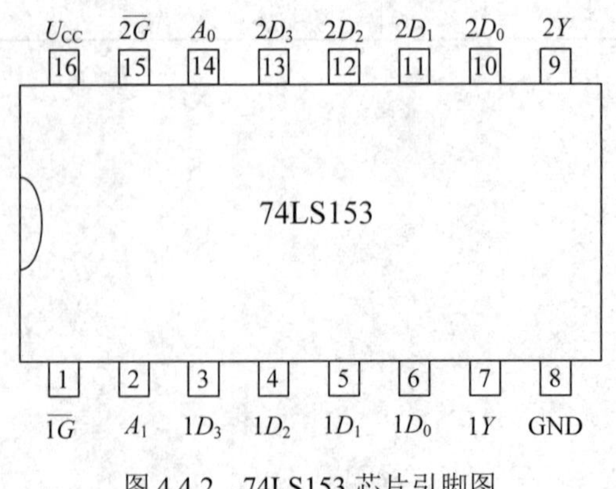

图4.4.2　74LS153芯片引脚图

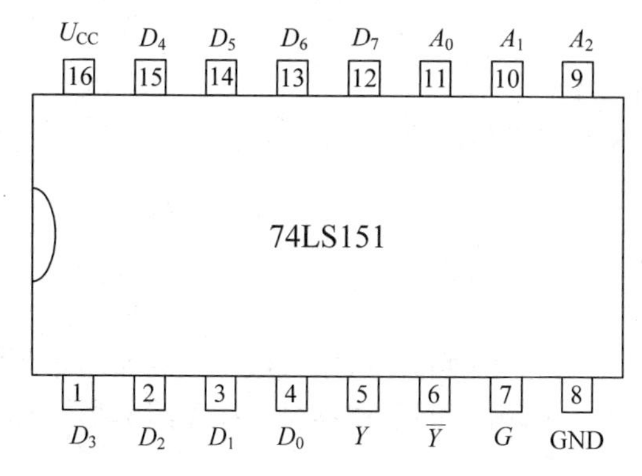

图 4.4.3　74LS151 芯片引脚图

74LS153 和 74LS151 的真值表分别如表 4.4.1 和表 4.4.2 所示。

表 4.4.1　74LS153 的真值表

输 入			输 出	
G	A_1	A_0	$1Y$	$2Y$
1	×	×	0	0
0	0	0	$1D_0$	$2D_0$
	0	1	$1D_1$	$2D_1$
	1	0	$1D_2$	$2D_2$
	1	1	$1D_3$	$2D_3$

表 4.4.2　74LS151 的真值表

输 入				输 出	
使 能	地址选择			Y	$\overline{Y}$
G	A_2	A_1	A_0		
1	×	×	×	0	0
0	0	0	0	D_0	$\overline{D_0}$
	0	0	1	D_1	$\overline{D_1}$
	0	1	0	D_2	$\overline{D_2}$
	0	1	1	D_3	$\overline{D_3}$
	1	0	0	D_4	$\overline{D_4}$
	1	0	1	D_5	$\overline{D_5}$
	1	1	0	D_6	$\overline{D_6}$
	1	1	1	D_7	$\overline{D_7}$

由它们的真值表可分别得到它们的特性方程。74LS153 的特性方程为

$$Y=(\overline{A_1}\,\overline{A_0}D_0+\overline{A_1}A_0D_1+A_1\overline{A_0}D_2+A_1A_0D_3)\cdot\overline{G}$$

74LS151 的特性方程为

$$Y=(\overline{A_2}\,\overline{A_1}\,\overline{A_0}D_0+\overline{A_2}\,\overline{A_1}A_0D_1+\cdots+A_2A_1A_0D_7)\cdot\overline{G}$$

4. 实验设备及器件

(1) 数字电路实验箱 1 台；

(2) 74LS151 和 74LS153 芯片各 1 片；

(3) 导线若干。

5. 实验内容及步骤

1) 验证 74LS153 功能

(1) 将 1 片 74LS153 芯片按正确的方法放入数字电路实验箱的相应插座中，确保引脚一一对齐。将其 16 号引脚接电源，8 号引脚接地。在每组数据选择器的数据输入端预置一组状态。

(2) 接通实验箱电源。

(3) 观察输入端取不同输入组合时输出端的变化，并记录下来。记录结果应与表 4.4.1 相同。

2) 验证 74LS151 功能

(1) 将 1 片 74LS151 芯片按正确的方法放入数字电路实验箱的相应插座中，确保引脚一一对齐。将其 16 号引脚接电源，8 号引脚接地。在 74LS151 的数据输入端预置一组状态。

(2) 接通实验箱电源。

(3) 观察输入端取不同输入组合时输出端的变化，并记录下来。记录结果应与表 4.4.2 相同。

二、仿真实验

1. 4 选 1 选择器 74LS153 逻辑功能验证实验仿真构建及仿真运行

1) 创建电路

(1) 放置 74LS153。

在对象栏中单击器件模式按钮，然后单击 P 按钮。在关键词中输入 74LS153，选择所在大类 TTL 74LS series、所在子类 Multiplexer，再选择 74LS153，如图 4.4.4 所示。

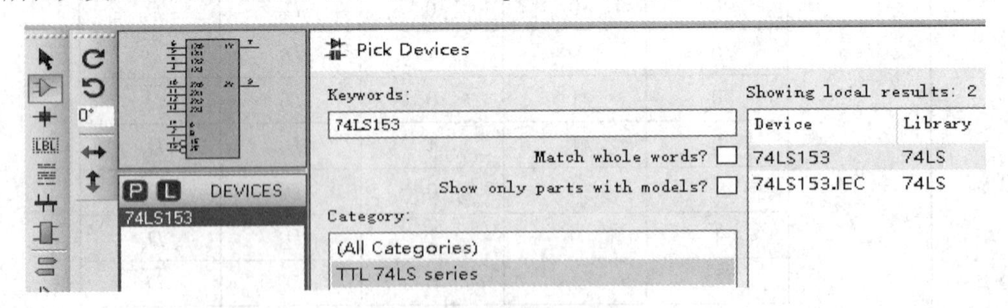

图 4.4.4　选择 74LS153

在结果列表框中寻找符合要求的 74LS153 并双击，在 Proteus 主界面的元件列表中就会出现刚才选择的器件。这时单击元件名称 74LS153，将 74LS153 调出并放置在原理图编辑区。

(2) 在原理图编辑区按图 4.4.5 连线，建立仿真实验电路。1E、2E 为两个独立的使能端；B、A 为公用的地址输入端；1X0～1X3 和 2X0～2X3 分别为两个 4 选 1 数据选择器的数据输入端；1Y、2Y 为两个输出端。

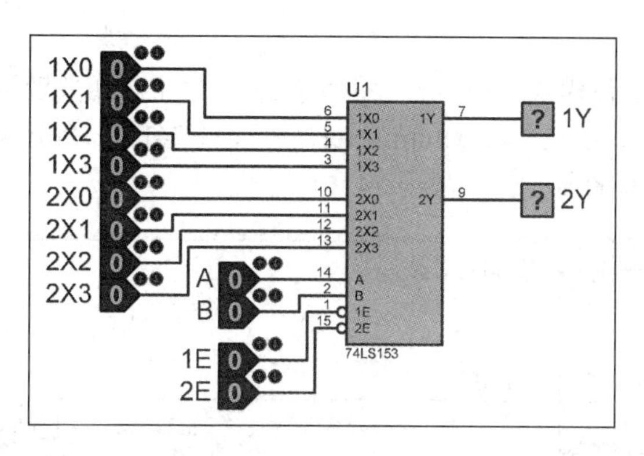

图 4.4.5　Proteus 中 4 选 1 选择器 74LS153 逻辑功能仿真电路

Proteus 中 4 选 1 选择器 74LS153 逻辑功能所用元件清单如表 4.4.3 所示。

表 4.4.3　图 4.4.5 中 74LS153 逻辑功能所用的 Proteus 元件清单

元件名称	所在大类	所在子类	数量	备　注
LOGICPROBE	Debugging Tools	Logic Probe	2	逻辑电平探测器
LOGICSTATE	Debugging Tools	Logic Stimuli	12	逻辑状态输入
74LS153	TTL 74LS series	Multiplexer	1	选择器

2) 仿真测试

(1) 打开仿真开关。

(2) 用鼠标单击逻辑状态输入 LOGICSTATE(B、A)图标，可实现在 0 和 1 之间切换。再用鼠标单击逻辑状态输入 LOGICSTATE(1X0～1X3、2X0～2X3)图标，观察逻辑电平探测器 LOGICPROBE(1Y、2Y)有无变化，并将结果填入表 4.4.4 中，从而理解和掌握 4 选 1 选择器 74LS153 的逻辑功能。

表 4.4.4　4 选 1 选择器 74LS153 逻辑功能仿真数据

选择输入		数据输入				选通输入	数据输出
B	A	1X0	1X1	1X2	1X3	1E	1Y
×	×	×	×	×	×	1	
0	0	0	×	×	×	0	
0	0	1	×	×	×	0	
0	1	×	0	×	×	0	
0	1	×	1	×	×	0	
1	0	×	×	0	×	0	
1	0	×	×	1	×	0	
1	1	×	×	×	0	0	
1	1	×	×	×	1	0	

2. 8 选 1 选择器 74151 逻辑功能验证实验仿真构建及仿真运行

1) 创建电路

(1) 放置 74151。

在对象栏中单击器件模式按钮 ，然后单击 P 按钮。在关键词中输入 74151，选择所在大类 TTL74 series、所在子类 Multiplexer，再选择 74151，如图 4.4.6 所示。在 Proteus 中没有 74LS151 选择器的库元件，故用 74151 代替。

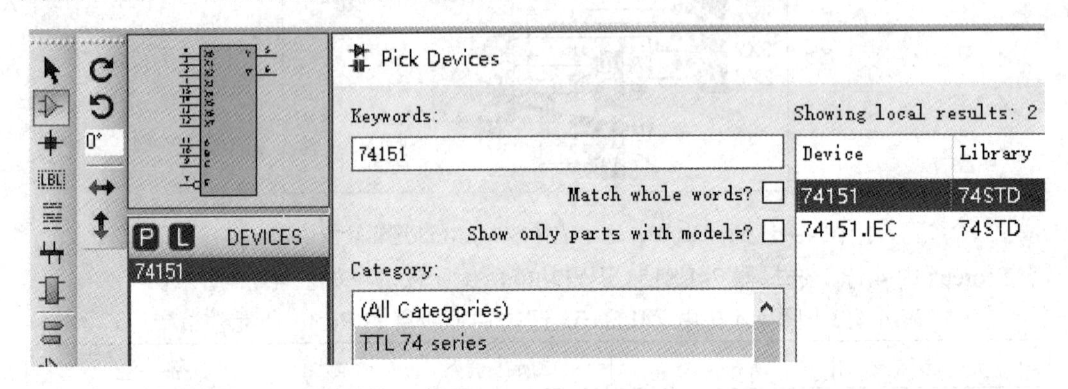

图 4.4.6　选择 74151

在结果列表框中寻找符合要求的 74151 并双击，在 Proteus 主界面的元件列表中就会出现刚才选择的元件。这时单击元件名称 74151，将 74151 调出并放置在原理图编辑区。

(2) 在原理图编辑区按图 4.4.7 连线，建立仿真实验电路。选择控制端(地址端)为 C、B、A，按二进制译码，从 8 个输入数据 X0～X7 中选择一个需要的数据送到输出端 Y，E 为使能端，低电平有效。

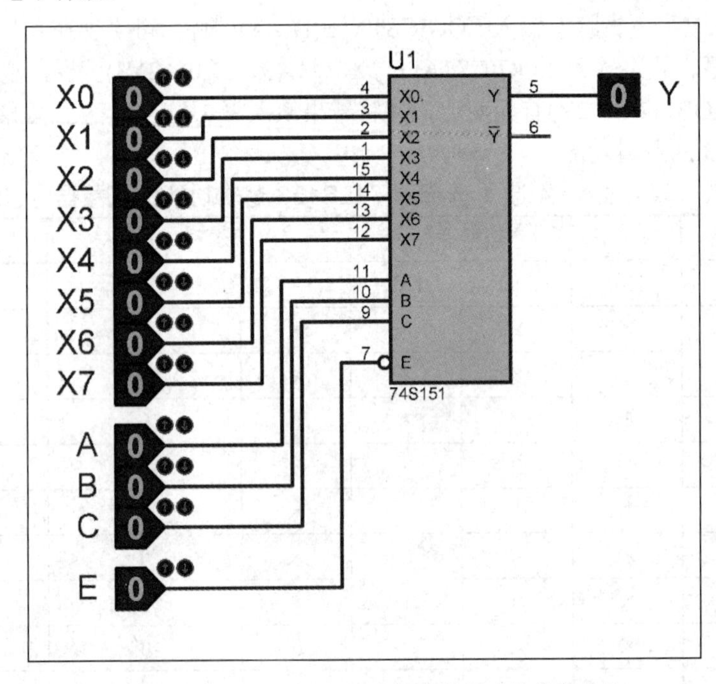

图 4.4.7　Proteus 中 74151 选择器逻辑功能仿真电路

Proteus 中 74151 选择器逻辑功能所用元件清单如表 4.4.5 所示。

表 4.4.5　图 4.4.7 中 74151 选择器逻辑功能所用的 Proteus 元件清单

元件名称	所在大类	所在子类	数量	备　注
LOGICPROBE	Debugging Tools	Logic Probe	1	逻辑电平探测器
LOGICSTATE	Debugging Tools	Logic Stimuli	12	逻辑状态输入
74151	TTL 74LS series	Multiplexer	1	选择器

2) 仿真测试

(1) 打开仿真开关。

(2) 用鼠标单击逻辑状态输入 LOGICSTATE(E、C、B、A)图标，可实现在 0 和 1 之间切换。再用鼠标单击逻辑状态输入 LOGICSTATE(X0～X7)图标，观察逻辑电平探测器 LOGICPROBE(Y)有无变化，并将结果填入表 4.4.6 中，从而理解和掌握 8 选 1 选择器 74LS151 的逻辑功能。

表 4.4.6　74151 选择器逻辑功能仿真数据

输入				输入	输出
数据选择			选通	X	Y
C	B	A	E		
×	×	×	1	0	
0	0	0	0	X0	
0	0	1	0	X1	
0	1	0	0	X2	
0	1	1	0	X3	
1	0	0	0	X4	
1	0	1	0	X5	
1	1	0	0	X6	
1	1	1	0	X7	

实验项目 5　用选择器 74LS153 和 74LS151 实现三人举手表决电路

一、硬件实验

1. 实验目的

(1) 掌握 74LS153、74LS151 数据选择器的逻辑功能与使用方法；

(2) 学习 74LS153、74LS151 数据选择器的应用；

(3) 了解 74LS153、74LS151 数据选择器的内部结构、工作原理及其特点；

(4) 掌握 74LS153、74LS151 数据选择器的基本应用。

2. 实验预习要求

(1) 复习 74LS153、74LS151 数据选择器的工作原理；

(2) 查阅 74LS153、74LS151 数据选择器的有关应用实例；

(3) 了解本实验中所用集成电路的逻辑功能和使用方法；

(4) 根据实验要求设计组合电路，并根据所给的标准元件画出逻辑图；

(5) 拟定实验中所需的数据，完成实验所需要的电路，拟定相关的记录表格；

(6) 拟定实验步骤和方案。

3. 实验原理

74LS153 的特性方程为

$$Y=(\overline{A_1}\,\overline{A_0}D_0+\overline{A_1}A_0D_1+A_1\overline{A_0}D_2+A_1A_0D_3)\cdot\overline{G}$$

$$=(m_0D_0+m_1D_1+m_2D_2+m_3D_3)\cdot\overline{G}$$

74LS151 的特性方程为

$$Y=(\overline{A_2}\,\overline{A_1}\,\overline{A_0}D_0+\overline{A_2}\,\overline{A_1}A_0D_1+\cdots+A_2A_1A_0D_7)\cdot\overline{G}$$

$$=(m_0D_0+m_1D_1+\cdots+m_7D_7)\cdot\overline{G}$$

由它们的特性方程可知，通过设定合适的数据端的逻辑值，可得到任意组合的最小项之和的逻辑值。另一方面，任何逻辑函数都可以表示为最小项之和的形式，因此用数据选择器 74LS153 和 74LS151 可实现任意的逻辑函数。

1) 用 74LS153 实现三人举手表决电路原理

用 74LS153 实现三人举手表决电路的情况稍微复杂一点。因为 74LS153 的地址码只有 2 位，而三人举手表决电路逻辑函数是三变量的。此时可用 74LS153 的 2 个地址码，加上数据端补充另一个地址码来实现。假设用 A 和 B 分别接到 74LS153 的 A_1 和 A_0，然后需要利用 4 个数据端来得到另一个变量 C。由 74LS153 的特性方程，得

$$F=\overline{A_1}\,\overline{A_0}D_0+\overline{A_1}A_0D_1+A_1\overline{A_0}D_2+A_1A_0D_3$$

$$=\overline{A}\,\overline{B}D_0+\overline{A}BD_1+A\overline{B}D_2+ABD_3$$

而三人举手表决电路的逻辑表达式为

$$F = m_3 + m_5 + m_6 + m_7 = \overline{A}BC + A\overline{B}C + AB\overline{C} + ABC$$

对比上面两个式子，可得到 $Y = F$ 的条件为

$$D_0 = 0，D_1 = C，D_2 = C，D_3 = 1$$

因此，按上面的方式连线，可以用 74LS153 实现三人举手表决电路的功能。

2) 用 74LS151 实现三人举手表决电路原理

下面再介绍用 74LS151 实现三人举手表决电路的过程。三人举手表决电路的逻辑表达式为

$$F = \overline{A}BC + A\overline{B}C + AB\overline{C} + ABC = m_3 + m_5 + m_6 + m_7$$

在 74LS151 的特性方程中，当 $G = 0$ 时，使数据端设置成 $D_3 = D_5 = D_6 = D_7 = 1$，$D_0 = D_1 = D_2 = D_4 = 0$，得

$$Y = m_3 + m_5 + m_6 + m_7 = F$$

因此，在 74LS151 芯片中，只要将数据端进行对应的设置，就可以实现三人举手表决电路的功能。

4. 实验设备及器件

(1) 实验箱 1 台；

(2) 74LS153 数据选择器 1 片；

(3) 74LS151 数据选择器 1 片；

(4) 导线若干。

5. 实验内容

1) 用 74LS153 实现三人举手表决电路的逻辑函数

74LS153 数据选择器有 2 位地址输入，能产生任何形式的三变量以下的逻辑函数。使用 4 选 1 数据选择器产生三变量三人表决电路的逻辑表达式为

$$F = \overline{A}BC + A\overline{B}C + AB\overline{C} + ABC$$

函数 F 的功能如表 4.5.1 所示。

表 4.5.1　函数 F 的功能

输　入			输　出
A	B	C	F
0	0	0	0
0	0	1	0
0	1	0	0
0	1	1	1
1	0	0	0
1	0	1	1
1	1	0	1
1	1	1	1

函数 F 有 3 个输入变量 A、B、C，而数据选择器有 2 个地址端 A_1、A_0，少于函数输

入变量的个数，在设计时可任选 A 接 A_1、B 接 A_0，将函数功能表改成表 4.5.2 的形式。

表 4.5.2　74LS153 数据选择器函数功能表

输　入			输　出	其中选数据端
A	B	C	F	
0	0	0 1	0 0	$D_0=0$
0	1	0 1	0 1	$D_1=C$
1	0	0 1	0 1	$D_2=C$
1	1	0 1	1 1	$D_3=1$

可见，当将输入变量 A、B、C 中 A 和 B 接选择器的地址端 A_1、A_0 时，由表 4.5.2 不难看出：

$$D_0=0，D_1=D_2=C，D_3=1$$

在 4 选 1 数据选择器的输出端，实现三人举手表决电路的逻辑函数。

其接线图如图 4.5.1 所示。

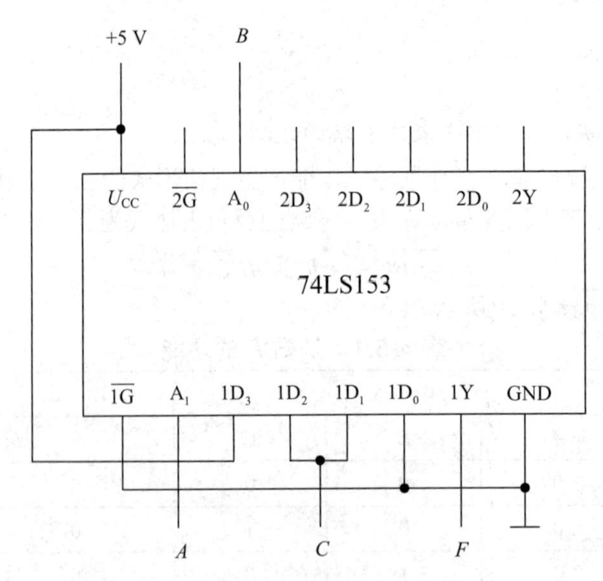

图 4.5.1　用 4 选 1 数据选择器实现三人举手表决电路的逻辑函数

将公式变换，可得

$$F=\overline{A}\overline{B}\times 0+\overline{A}B\times C+A\overline{B}\times C+AB\times 1$$

只要令数据选择器的输入为

$$D_0=0，D_1=C，D_2=C，D_3=1，A_0=B，A_1=A$$

数据选择器的输出就是所要求的逻辑函数 F。按图 4.5.1 所示连线并验证。验证结果应与表 4.5.1 一致。

2) 用 74LS151 实现三人举手表决电路的逻辑函数

用 8 选 1 数据选择器 74LS151 实现三人举手表决电路的逻辑表达式为

$$F=\overline{A}BC+A\overline{B}C+AB\overline{C}+ABC$$

采用 8 选 1 数据选择器 74LS151 可实现任意三输入变量的组合逻辑函数。

函数 F 的功能表如表 4.5.1 所示，将函数 F 功能表与 8 选 1 数据选择器的功能表 4.4.2 相比较，可知：

(1) 输入变量 A、B、C 对应 8 选 1 数据选择器的地址码 A_2、A_1、A_0。

(2) 使 8 选 1 数据选择器的各数据输入 D_0～D_7 分别与函数 F 的输出值一一对应，即

$$A_2A_1A_0=ABC,\ D_0=D_1=D_2=D_4=0,\ D_3=D_5=D_6=D_7=1$$

则 8 选 1 数据选择器的输出 Y 便实现了函数 F。

其接线图如图 4.5.2 所示。

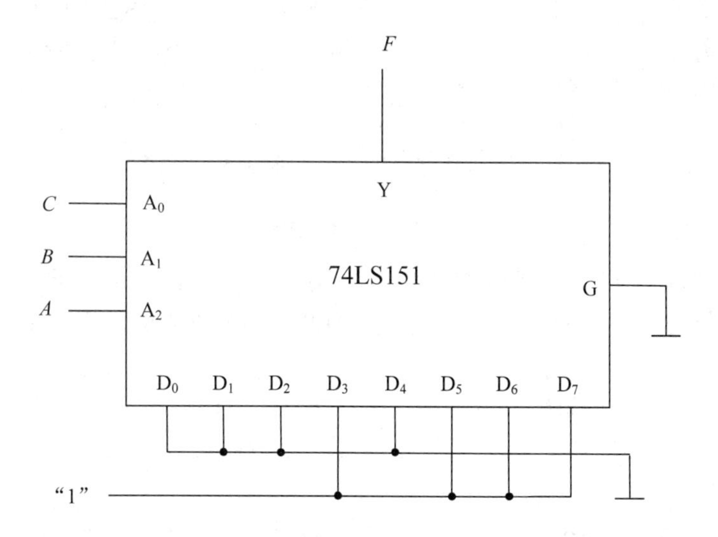

图 4.5.2　用 8 选 1 数据选择器实现三人举手表决电路的逻辑函数

(3) 显然，采用具有 n 个地址端的数据选择器实现 n 变量的逻辑函数时，应将函数的输入变量加到数据选择器的地址端(A)，选择器的数据输入端(D)按次序以函数 F 输出值来赋值。

尝试用 8 选 1 数据选择器 74LS151 设计以下实验：

(1) 用 8 选 1 数据选择器 74LS151 实现函数 $F=A\overline{B}+\overline{A}C+B\overline{C}$。

① 写出设计过程；

② 画出接线图；

③ 验证逻辑功能。

(2) 用 8 选 1 数据选择器 74LS151 实现函数 $F=A\overline{B}+\overline{A}B$。

① 写出设计过程；

② 画出接线图；

③ 验证逻辑功能。

二、仿真实验

1. 74LS153实现三人举手表决电路的逻辑函数实验仿真构建及仿真运行

1) 创建电路

(1) 放置74LS153。

在对象栏中单击器件模式按钮，然后单击P按钮。在关键词中输入74LS153，选择所在大类TTL 74LS series、所在子类Multiplexer，再选择74LS153，如图4.5.3所示。

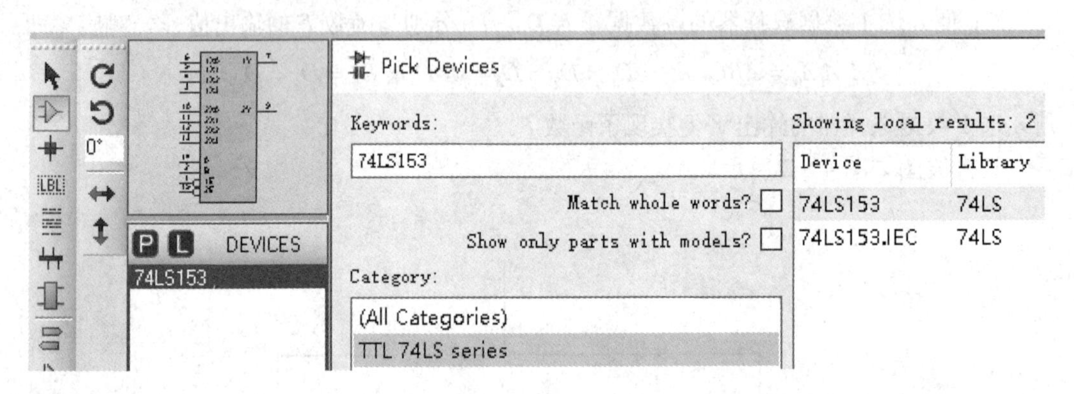

图4.5.3　选择74LS153

在结果列表框中寻找符合要求的74LS153并双击，在Proteus主界面的元件列表中就会出现刚才选择的元件。这时单击元件名称74LS153，将74LS153调出并放置在原理图编辑区。

(2) 在原理图编辑区按图4.5.4连线，建立仿真实验电路。

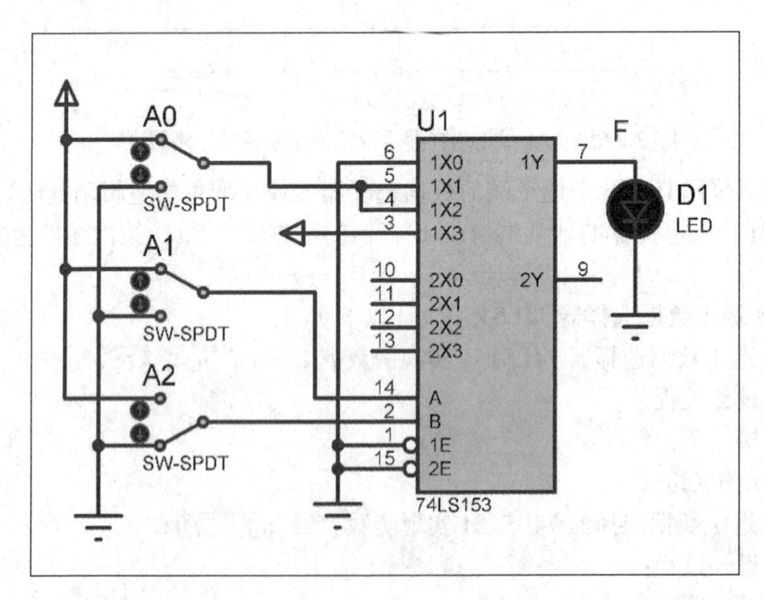

图4.5.4　Proteus中74LS153实现三人举手表决电路逻辑函数的实验仿真电路

Proteus中用74LS153实现三人举手表决电路逻辑函数所用元件清单如表4.5.3所示。

表 4.5.3　用 74LS153 实现三人举手表决电路逻辑函数实验的 Proteus 元件清单

元件名称	所在大类	所在子类	数量	备　注
SW-SPDT	Switches & Relays	Switches	3	单刀双掷开关
LED-YELLOW	Optoelectronics	LEDs	1	发光二极管
74LS153	TTL 74LS series	Multiplexer	1	选择器

2) 仿真测试

(1) 打开仿真开关。

(2) 用 3 个单刀双掷开关模拟 3 个参与投票选举的参与人。再用鼠标单击单刀双掷开关(A2、A1、A0)图标相应位置，可实现在 1 和 0 之间切换，观察 LED(F)有无变化，并将实验结果记录在表 4.5.4 中，从而理解和掌握 74LS153 实现三人举手表决电路逻辑函数的应用。例如：三人中有两人同意(011)，选举成立(LED 亮)，如图 4.5.5 所示。

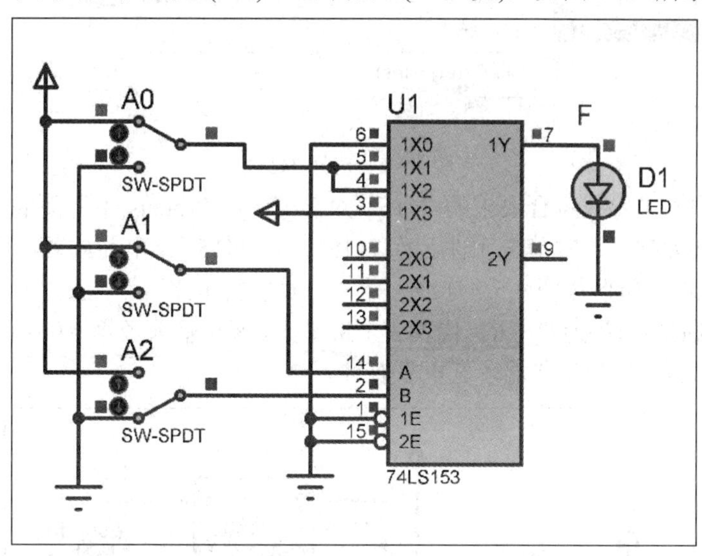

图 4.5.5　Proteus 中用 74LS153 实现三人举手表决电路逻辑函数实验仿真结果

表 4.5.4　用 74LS153 实现三人举手表决电路逻辑函数仿真数据

输入逻辑			输出逻辑状态
A2	A1	A0	F
0	0	0	
0	0	1	
0	1	0	
0	1	1	
1	0	0	
1	0	1	
1	1	0	
1	1	1	

2. 74LS151 实现三人举手表决电路逻辑函数实验仿真构建及仿真运行

1) 创建电路

(1) 放置 74151。

在对象栏中单击器件模式按钮 ，然后单击 P 按钮。在关键词中输入 74151，选择所在大类 TTL74 series、所在子类 Multiplexer，再选择 74151，如图 4.5.6 所示。在 Proteus 中没有 74LS151 选择器的库元件，故用 74151 代替。

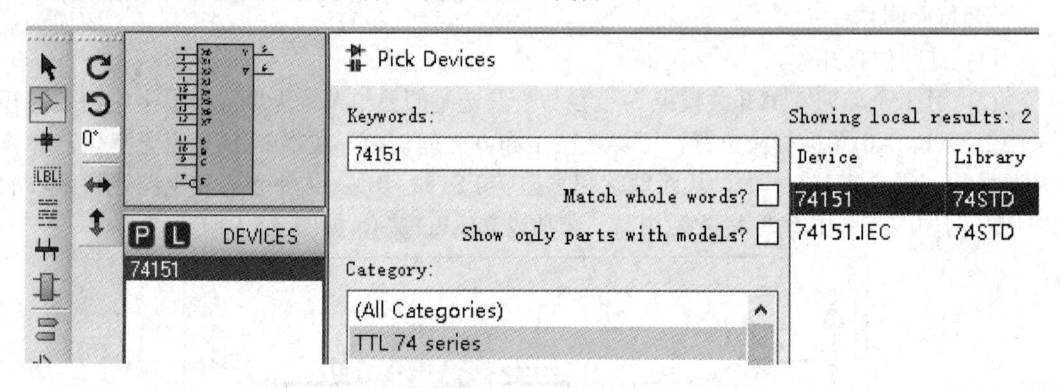

图 4.5.6　选择 74151

在结果列表框中寻找符合要求的 74151 并双击，在 Proteus 主界面的元件列表中就会出现刚才选择的元件。这时单击元件名称 74151，将 74151 调出并放置在原理图编辑区。

(2) 在原理图编辑区按图 4.5.7 连线，建立仿真实验电路。

选择控制端(地址端)为 C～A，代表 3 个选举人。8 个输入数据 X0～X7 中，按逻辑函数选择需要的数据，E 为使能端，低电平有效。

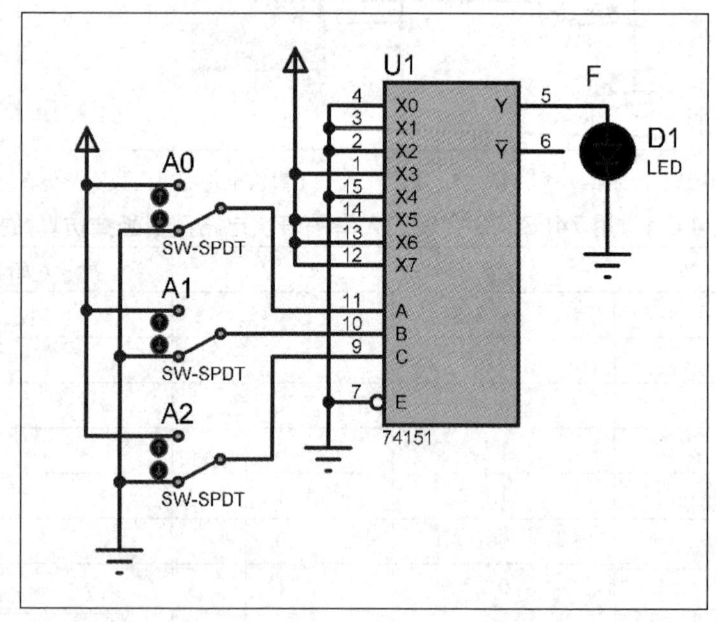

图 4.5.7　Proteus 中用 74LS151 实现三人举手表决电路逻辑函数实验仿真电路

Proteus 中用 74LS151 实现三人举手表决电路逻辑函数所用元件清单如表 4.5.5 所示。

表 4.5.5　图 4.5.7 中用 74LS151 实现三人举手表决电路逻辑函数实验的 Proteus 元件清单

元件名称	所在大类	所在子类	数量	备　注
SW-SPDT	Switches & Relays	Switches	3	单刀双掷开关
LED-YELLOW	Optoelectronics	LEDs	1	发光二极管
74151	TTL 74LS series	Multiplexer	1	选择器

2) 仿真测试

(1) 打开仿真开关。

(2) 用 3 个单刀双掷开关模拟 3 个参与投票选举的参与人。再用鼠标单击单刀双掷开关(A2、A1、A0)图标相应位置，可实现在 1 和 0 之间切换，观察 LED(F)有无变化，并将实验结果记录在表 4.5.6 中，从而理解和掌握 8 选 1 选择器 74LS151 的应用。例如：三人中有两人同意(011)，选举成立(LED 亮)，如图 4.5.8 所示。

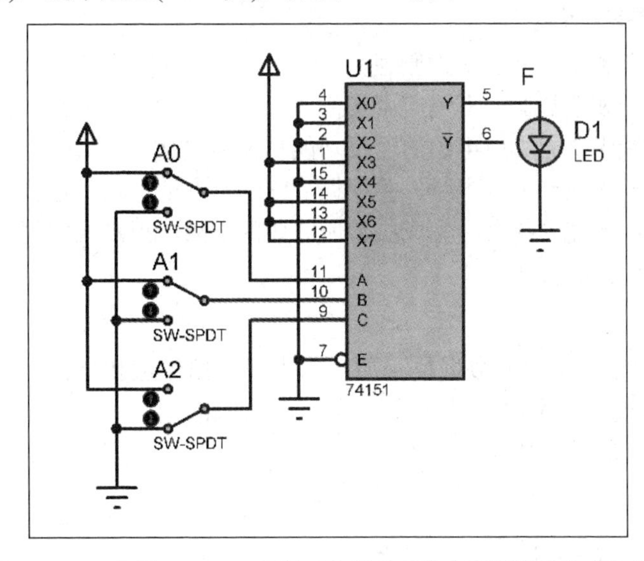

图 4.5.8　Proteus 中用 74LS151 实现三人举手表决电路逻辑函数实验仿真结果

表 4.5.6　用 74LS151 实现三人举手表决电路逻辑函数仿真数据

输入逻辑			输出逻辑状态
A2	A1	A0	F
0	0	0	
0	0	1	
0	1	0	
0	1	1	
1	0	0	
1	0	1	
1	1	0	
1	1	1	

实验项目6　组合逻辑电路的设计及半加器、全加器验证

一、硬件实验

1. 实验目的

(1) 学习使用异或门组成半加器和全加器；

(2) 测试集成4位二进制全加器74LS283的逻辑功能；

(3) 了解半加器和全加器的内部结构、工作原理及其特点；

(4) 掌握半加器和全加器的逻辑功能与使用方法；

(5) 掌握半加器和全加器的基本应用。

2. 实验预习要求

(1) 复习半加器和全加器的工作原理；

(2) 查阅半加器和全加器的有关应用实例；

(3) 了解本实验中所用集成电路的逻辑功能和使用方法；

(4) 根据实验要求设计组合电路，并根据所给的标准器件画出逻辑图；

(5) 拟定实验中所需的数据，完成实验所需要的电路，拟定相关的记录表格；

(6) 拟定实验步骤和方案。

3. 实验原理

半加器电路指对两个输入数据位相加，输出一个结果位和进位，没有进位输入的加法器电路。它是实现两个1位二进制数的加法运算电路。半加器的逻辑符号如图4.6.1所示。

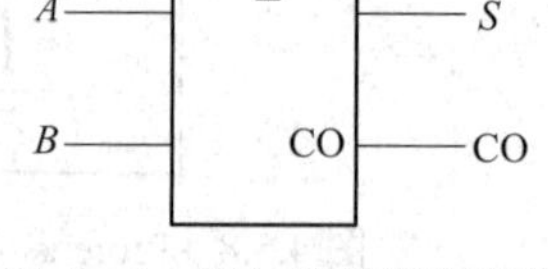

图4.6.1　半加器的逻辑符号

根据组合电路设计方法，半加器的逻辑表达式如下：

$$\begin{cases} S = A\overline{B} + \overline{A}B = A \oplus B \\ \mathrm{CO} = A \cdot B \end{cases}$$

能够计算低位进位的二进制加法电路为1位全加器，1位全加器可以处理低位进位，并输出本位加法进位。多个1位全加器进行级联可以得到多位全加器。常用的二进制4位全加器是74LS283。全加器的逻辑符号如图4.6.2所示。

全加器的逻辑表达式为

$$S_i = A_i \oplus B_i \oplus C_i$$

$$C_{i+1} = A_i B_i + C_i (A_i + B_i)$$

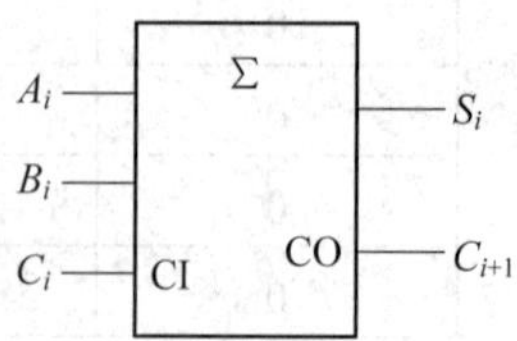

图4.6.2　全加器的逻辑符号

4. 实验设备及器件

(1) 实验箱1台；

(2) 74LS00与非门芯片1片；

(3) 74LS86异或门芯片1片；

(4) 74LS283二进制加法器芯片1片；

(5) 导线若干。

5. 实验内容

1) 用异或门和与非门构成半加器的功能测试

根据半加器的逻辑表达式可知，相加的和 S 是 A、B 的异或，而进位 CO 是 A、B 相与，故半加器可用一个集成异或门和两个与非门构成，如图 4.6.3 所示。在实验过程中选异或门 74LS86 及与非门 74LS00 实现半加器的逻辑功能。输入端接逻辑开关，输出端接逻辑电平显示。完成实验后将实验结果填入表 4.6.1，并判断结果是否正确。

若用与非门来实现，即为

$$\mathrm{CO}=\overline{\overline{AB}}$$

也可全部用与非门如 74LS00 与反相器 74LS04 构成半加器。按图 4.6.4 接线，将实验结果填入表 4.6.1 中。

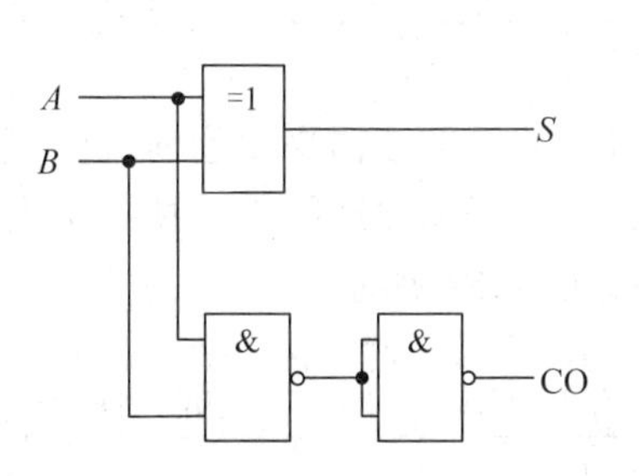

图 4.6.3　用异或门构成的半加器

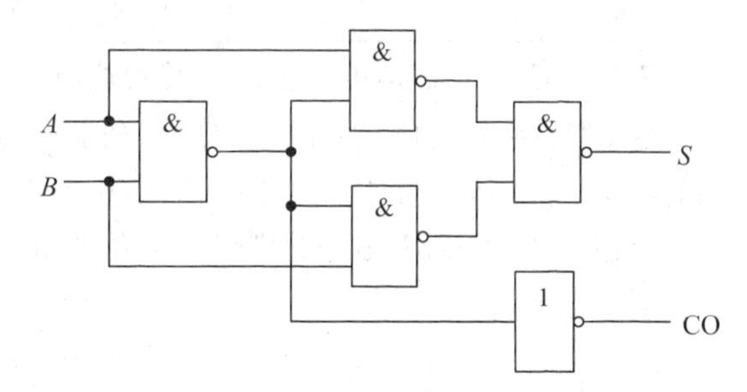

图 4.6.4　用与非门构成的半加器

表 4.6.1　半加器输入、输出关系

输 入 端		输 出 端	
A	B	S	CO
0	0		
0	1		
1	0		
1	1		

2) 用异或门和与非门构成全加器的功能测试

用异或门和与非门构成全加器的接线图如图 4.6.5 所示。

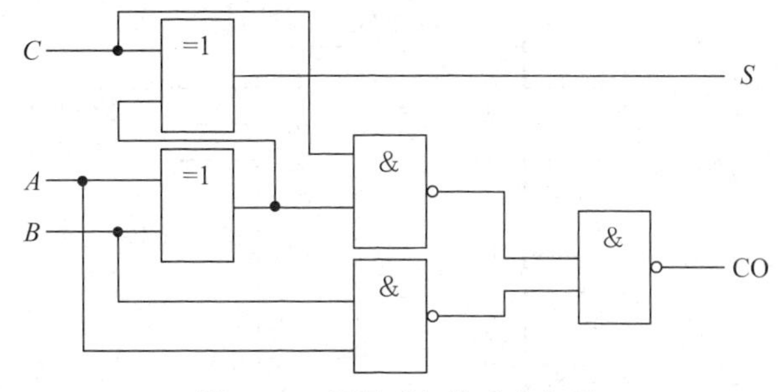

图 4.6.5　用异或门构成全加器

验证该全加器的功能，将实验结果填入表 4.6.2 中。

表 4.6.2　全加器输入、输出关系

输入端			输出端	
C	A	B	S	CO
0	0	0		
0	0	1		
0	1	0		
0	1	1		
1	0	0		
1	0	1		
1	1	0		
1	1	1		

3) 74LS283 型 4 位二进制全加器的功能测试

74LS283 芯片是 4 位二进制超前进位全加器。超前进位并行加法器采用超前进位(并行进位)的方法，能够先判断出各位的进位是 0 还是 1，因此 4 个全加器可同时相加，从而提高了运算速度。74LS283 芯片的逻辑符号及外引脚排列如图 4.6.6 所示。

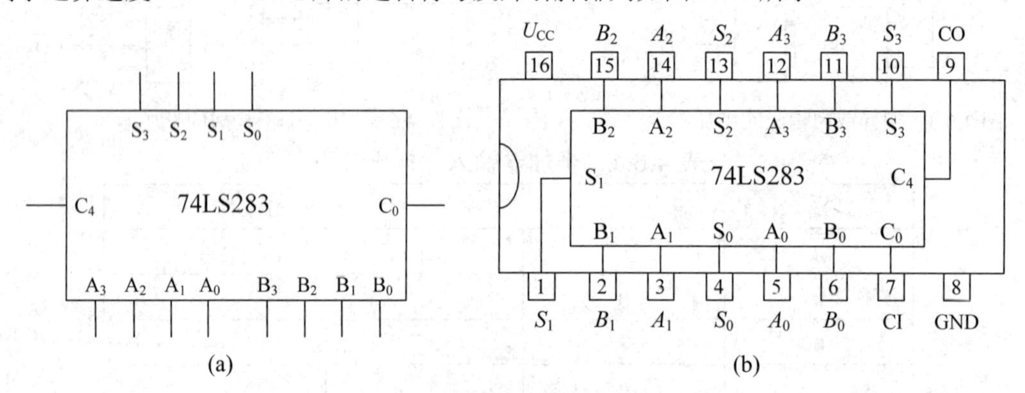

图 4.6.6　74LS283 的逻辑符号及外引脚排列

74LS283 芯片在电路中的连接如图 4.6.7 所示，A_3、A_2、A_1、A_0 和 B_3、B_2、B_1、B_0 分别为 4 位二进制数，令 B_3、B_2、B_1、B_0 为 0101，A_3、A_2、A_1、A_0 接逻辑电平开关，输出端接逻辑电平显示，验证 74LS283 芯片的逻辑功能，将结果填入表 4.6.3 中。

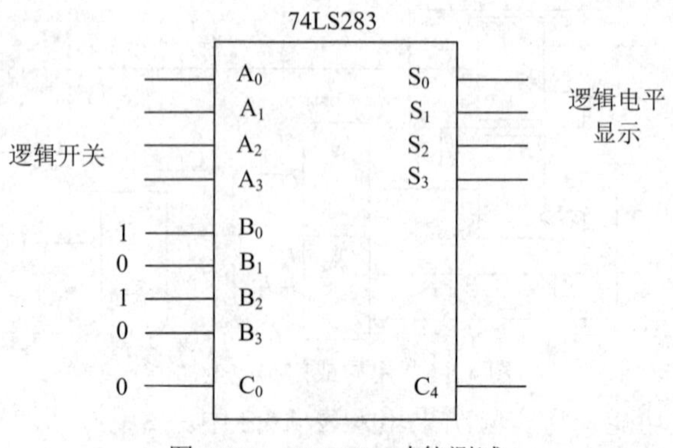

图 4.6.7　74LS283 功能测试

表 4.6.3　74LS283 全加器数据

$B_3\ B_2\ B_1\ B_0$	$A_3\ A_2\ A_1\ A_0$	$S_3\ S_2\ S_1\ S_0$	C_4
0101	0001		
0101	0011		
0101	0110		
0101	1001		
0101	1111		

二、仿真实验

1. 用异或门和与非门构成半加器实验仿真构建及仿真运行

1) 创建电路

(1) 放置 74LS86 和 74LS00。

在对象栏中单击器件模式按钮 ，然后单击 P 按钮。在关键词中输入 74LS86，选择所在大类 TTL74LS series、所在子类 Gates & Inverters，再选择 74LS86，如图 4.6.8 所示。

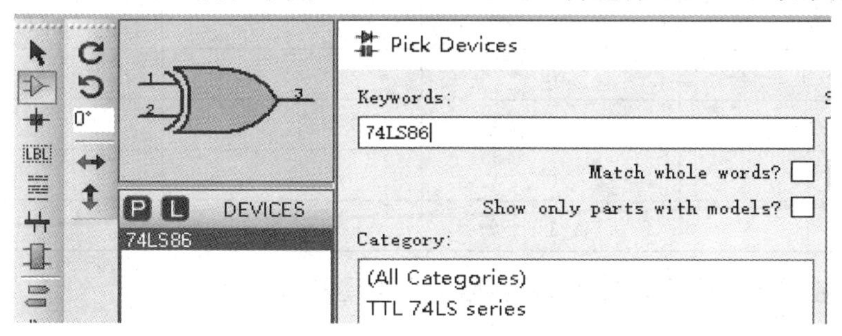

图 4.6.8　选择 74LS86

在结果列表框中寻找符合要求的 74LS86 并双击，在 Proteus 主界面的元件列表中就会出现刚才选择的元件。这时单击元件名称 74LS86，将 74LS86 调出并放置在原理图编辑区。用同样的方法放置 74LS00。

(2) 在原理图编辑区按图 4.6.9 连线，建立仿真实验电路。输入端接逻辑开关，输出端接逻辑电平显示。

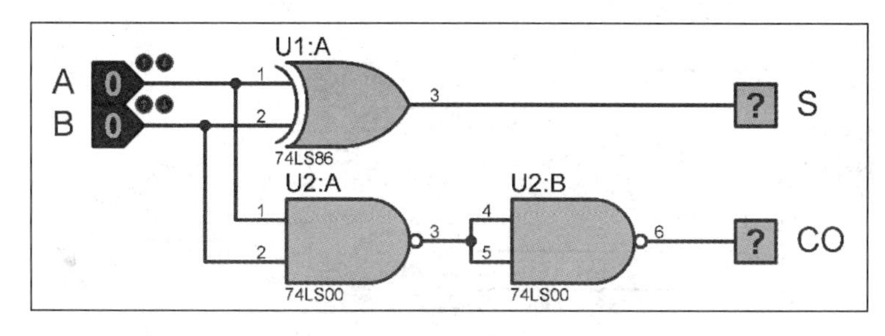

图 4.6.9　Proteus 中异或门和与非门构成半加器仿真电路

Proteus 中异或门和与非门构成半加器所用元件清单如表 4.6.4 所示。

表 4.6.4　图 4.6.9 中异或门和与非门构成半加器的 Proteus 元件清单

元件名称	所在大类	所在子类	数量	备　注
LOGICPROBE(BIG)	Debugging Tools	Logic Probe	2	逻辑电平探测器
LOGICSTATE	Debugging Tools	Logic Stimuli	2	逻辑状态输入
74LS00	TTL 74LS series	Gates & Inverters	1	与非门
74LS86	TTL 74LS series	Gates & Inverters	1	异或门

2) 仿真测试

(1) 打开仿真开关。

(2) 用鼠标单击逻辑状态输入 LOGICSTATE(A、B)图标，可实现在 0 和 1 之间切换，观察逻辑电平探测器 LOGICPROBE(S、CO)有无变化。将实验结果记录并填入表 4.6.5，判断结果是否正确，写出和 S 及进位 CO 的逻辑表达式，从而理解和掌握用异或门和与非门构成半加器的原理与方法。

表 4.6.5　半加器输入、输出关系仿真数据

输 入 端		输 出 端	
A	B	S	CO
0	0		
0	1		
1	0		
1	1		

2. 用异或门和与非门构成全加器实验仿真构建及仿真运行

1) 创建电路

(1) 放置 74LS86 和 74L000。

(2) 在原理图编辑区按图 4.6.10 连线，建立仿真实验电路。输入端接逻辑开关，输出端接逻辑电平显示。

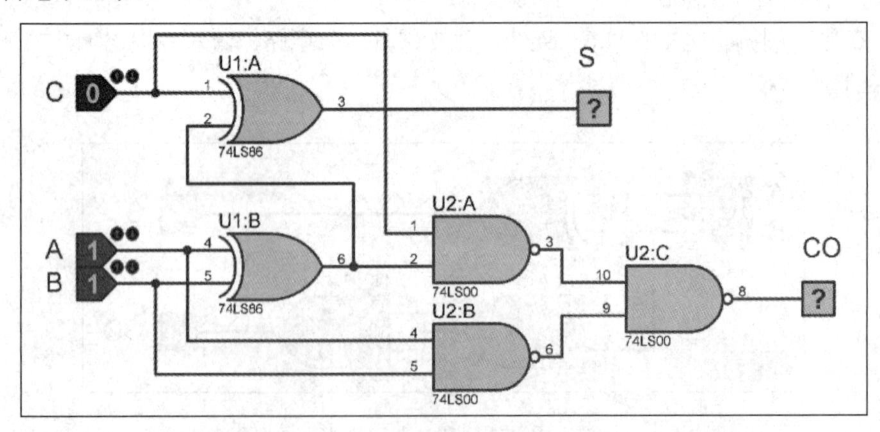

图 4.6.10　Proteus 中异或门和与非门构成全加器仿真电路

Proteus 中异或门和与非门构成全加器所用元件清单如表 4.6.6 所示。

表 4.6.6　图 4.6.10 中异或门和与非门构成全加器的 Proteus 元件清单

元件名称	所在大类	所在子类	数量	备　注
LOGICPROBE(BIG)	Debugging Tools	Logic Probe	2	逻辑电平探测器
LOGICSTATE	Debugging Tools	Logic Stimuli	3	逻辑状态输入
74LS00	TTL 74LS series	Gates & Inverters	1	与非门
74LS86	TTL 74LS series	Gates & Inverters	1	异或门

2) 仿真测试

(1) 打开仿真开关。

(2) 用鼠标单击逻辑状态输入 LOGICSTATE(A、B、C)图标，可实现在 0 和 1 之间切换，观察逻辑电平探测器 LOGICPROBE(BIG)(S、CO)有无变化。将实验结果记录并填入表 4.6.7 中，判断结果是否正确，写出和 S 及进位 CO 的逻辑表达式，从而理解和掌握用异或门和与非门构成全加器的原理与方法。

表 4.6.7　全加器输入、输出关系仿真数据

输 入 端			输 出 端	
C	A	B	S	CO
0	0	0		
0	0	1		
0	1	0		
0	1	1		
1	0	0		
1	0	1		
1	1	0		
1	1	1		

3. 74LS283 型 4 位二进制全加器功能验证实验仿真构建及仿真运行

1) 创建电路

(1) 放置 74LS283。

在对象栏中单击器件模式 ，然后单击 P 按钮。在关键词中输入 74LS283，选择所在大类 TTL74LS series、所在子类 Adders，再选择 74LS283，如图 4.6.11 所示。

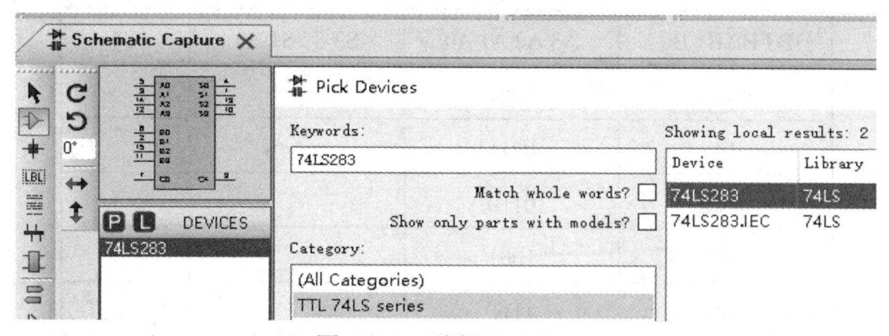

图 4.6.11　选择 74LS283

在结果列表框中寻找符合要求的 74LS283 并双击，在 Proteus 主界面的元件列表中就会出现刚才选择的元件。这时单击元件名称 74LS283，将 74LS283 调出并放置在原理图编辑区。

(2) 在原理图编辑区按图 4.6.12 连线，建立仿真实验电路。

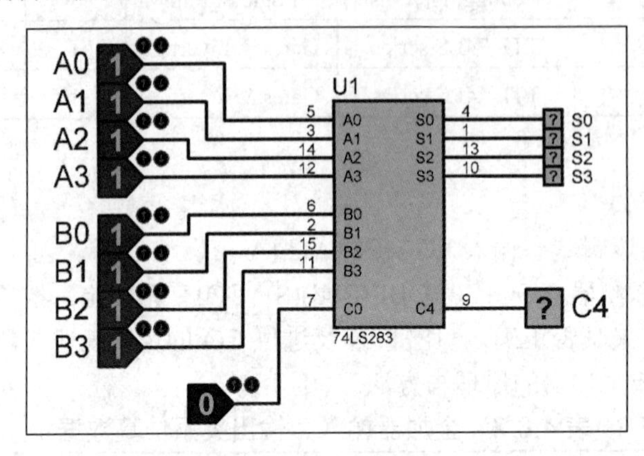

图 4.6.12　Proteus 中 74LS283 全加器逻辑功能仿真电路

Proteus 中 74LS283 全加器逻辑功能所用元件清单如表 4.6.8 所示。

表 4.6.8　图 4.6.12 中 74LS283 全加器逻辑功能所用的 Proteus 元件清单

元件名称	所在大类	所在子类	数量	备注
LOGICSTATE	Debugging Tools	Logic Stimuli	9	逻辑状态输入
LOGICPROBE(BIG)	Debugging Tools	Logic Probe	1	逻辑电平探测器
LOGICPROBE	Debugging Tools	Logic Probe	4	逻辑电平探测器
74LS238	TTL 74LS series	Adders	1	全加器

2) 仿真测试

(1) 打开仿真开关。

(2) 用鼠标单击逻辑状态输入 LOGICSTATE(CO)图标，可实现在 0 和 1 之间切换。再用鼠标单击逻辑状态输入 LOGICSTATE(A0～A3、B0～B3)图标，观察逻辑电平探测器 LOGICPROBE(S3～S0、C4)有无变化。将实验结果记录并填入表 4.6.9，从而理解和掌握 74LS283 全加器逻辑功能。

表 4.6.9　74LS283 全加器输入、输出关系仿真数据

B3 B2 B1 B0	A3 A2 A1 A0	S3 S2 S1 S0	C4
0101	0001		
0101	0011		
0101	0110		
0101	1001		
0101	1111		

第 5 章　时序逻辑电路实验

与组合逻辑电路不同，时序逻辑电路中是有存储单元的，因此电路的状态不但与当前的输入有关，还与电路以前的状态有关。正因为时序逻辑电路的这种“记忆”功能，它在实际生产中有非常广泛的应用，如计数器、寄存器等。时序逻辑电路的基本单元是触发器。本章要求重点掌握触发器的基本原理并使用触发器设计常用的时序逻辑电路。本章内容包括基本 RS 触发器、同步 RS 触发器、D 触发器、JK 触发器、触发器的相互转换、用基本触发器实现计数器和寄存器等实验。

实验项目 1　用 74LS00 验证 RS 触发器功能

一、硬件实验

1. 实验目的

(1) 熟悉基本 RS 触发器的电路结构和工作原理；

(2) 熟悉同步 RS 触发器的电路结构和工作原理；

(3) 验证和分析基本 RS 触发器和同步 RS 触发器的功能。

2. 实验预习要求

(1) 复习基本 RS 触发器的工作原理，熟悉基本 RS 触发器的电路结构、特性和特性方程；

(2) 复习同步 RS 触发器的工作原理，熟悉同步 RS 触发器的电路结构、特性和特性方程。

3. 实验原理

1) 触发器

触发器是时序逻辑电路的基本单元，它也是具有记忆功能的基本逻辑单元。一个触发器能够存储 1 位二值信号。触发器的输出满足如下条件：

(1) 有两种可能的状态：0 和 1；

(2) 输出状态在触发信号作用下可以发生转变；

(3) 输出状态不只与现在的输入有关，还与原来的输出状态有关。

触发器的记忆功能体现为：有外部触发信号作用时，触发器状态发生改变；当触发信号撤除时，触发器维持原状态不变。

2) 基本 RS 触发器

基本 RS 触发器，又称 RS 锁存器，是各种触发器电路中结构形式最简单的一种。其电路结构如图 5.1.1 所示，它是由两个与非门首尾相接、交叉耦合构成的。

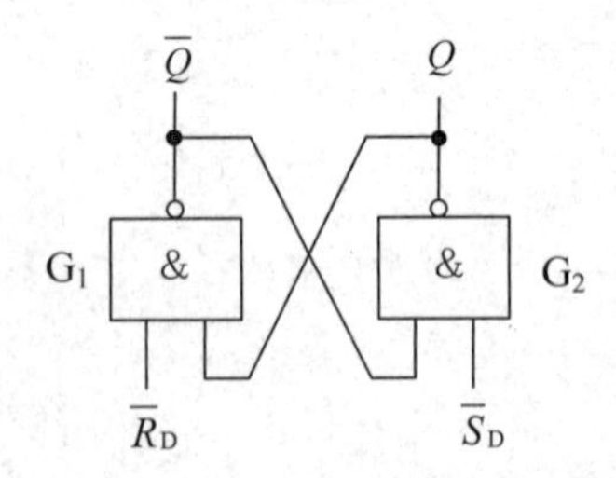

图 5.1.1　基本 RS 触发器电路结构

基本 RS 触发器有两个触发输入端：$\overline{S}_D$ 和 $\overline{R}_D$，它们都是低电平有效，其中 $\overline{S}_D$ 为直接置 1 端，$\overline{R}_D$ 为直接置 0 端；同时，基本 RS 触发器有两个互补输出端：Q 和 $\overline{Q}$。在触发器中，通常用 Q 的状态表示触发器的状态，即 $Q=0$ 和 $\overline{Q}=1$ 为触发器的 0 状态；$Q=1$ 和 $\overline{Q}=0$ 为触发器的 1 状态。

在基本 RS 触发器的 $\overline{S}_D$ 和 $\overline{R}_D$ 端有不同的输入时，触发器将呈现不同的状态，具体表现为：

(1) 当 $\overline{R}_D = 1$，$\overline{S}_D = 1$ 时，电路为记忆状态，即 Q 端保持原来的状态不变。

(2) 当 $\overline{R}_D = 0$，$\overline{S}_D = 1$ 时，$\overline{R}_D$ 端触发，触发器的 Q 端置 0。此时有 $Q = 0$，$\overline{Q} = 1$，且在 $\overline{R}_D = 0$ 信号消失后，触发器的 Q 端仍然保持 0 状态不变。因此 $\overline{R}_D$ 端称为置 0 输入端或复位端(Reset 端)。

(3) 当 $\overline{R}_D = 1$，$\overline{S}_D = 0$ 时，$\overline{S}_D$ 端触发，触发器的 Q 端置 1。此时有 $Q = 1$ 和 $\overline{Q} = 0$，且在 $\overline{S}_D = 0$ 信号消失后，电路仍然保持 1 状态不变。因此 $\overline{S}_D$ 端称为置 1 输入端或置位端(Set 端)。

(4) 当 $\overline{R}_D = 0$，$\overline{S}_D = 0$ 时，$Q = \overline{Q} = 1$，这不是定义的 1 状态和 0 状态，因为 Q 和 $\overline{Q}$ 应互为对立状态。而且此时当 $\overline{S}_D$ 和 $\overline{R}_D$ 同时回到 1 以后，无法确定触发器是 1 状态还是 0 状态。因此，正常工作时，输入信号应遵守 $\overline{R}_D + \overline{S}_D = 1$ 的约束条件，即不允许输入 $\overline{R}_D = \overline{S}_D = 0$ 的信号。

表 5.1.1 是基本 RS 触发器的特性表，其中用 Q_{n+1} 和 $\overline{Q}_{n+1}$ 分别表示 Q 和 $\overline{Q}$ 端的新状态，Q_n 和 $\overline{Q}_n$ 分别表示 Q 和 $\overline{Q}$ 端的原状态。Q_{n+1} 也称为触发器的新状态或次态；Q_n 称为触发器的原状态或初态。

表 5.1.1　基本 RS 触发器的特性

$\overline{R}_D$	$\overline{S}_D$	Q_n	$\overline{Q}_n$	Q_{n+1}	$\overline{Q}_{n+1}$	功能
0	0	0	1	×	×	不定
		1	0	×	×	
0	1	0	1	0	1	置 0
		1	0	0	1	
1	0	0	1	1	0	置 1
		1	0	1	0	
1	1	0	1	0	1	保持
		1	0	1	0	

3) 同步 RS 触发器

在数字信号系统中，为协调各部分的动作，常常要求某些触发器在同一时刻动作。为此，必须引入同步信号，使这些触发器只有在同步信号到达时才按输入信号改变状态。通常把这个同步信号叫做时钟脉冲，用 CP(Clock Pulse)表示。这种受时钟信号控制的触发器称为同步 RS 触发器。

同步 RS 触发器的电路结构如图 5.1.2 所示。在该电路中，由 G_1、G_2 组成基本 RS 触发器，由 G_3、G_4 组成输入控制(导引)电路。因此，同步 RS 触发器中由 G_1、G_2 组成的电路特性和

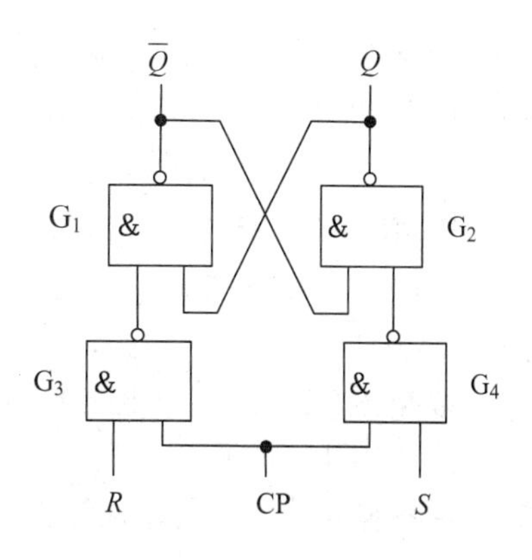

图 5.1.2　同步 RS 触发器电路结构

基本 RS 触发器的完全相同；由 G_3、G_4 组成的电路主要起到控制作用。CP 控制触发器翻转的时刻，而 R 端和 S 端决定触发器翻转的状态。

同步 RS 触发器的特性表如表 5.1.2 所示。

表 5.1.2　同步 RS 触发器的特性

R	S	Q_n	Q_{n+1}	功能
0	0	0	0	保持
0	0	1	1	
0	1	0	1	置 1
0	1	1	1	
1	0	0	0	置 0
1	0	1	0	
1	1	0	×	不定
1	1	1	×	

4. 实验设备及器件

(1) 数字电路实验箱 1 台；

(2) 74LS00 芯片 2 片；

(3) 导线若干。

5. 实验内容及步骤

1) 用 74LS00 验证基本 RS 触发器功能

(1) 将一片 74LS00 芯片按正确的方法放入数字电路实验箱的相应插座中，确保引脚一一对齐。将其 14 号引脚接电源，7 号引脚接地。

(2) 按照图 5.1.1 所示的电路图连线，连线后检查各输入、输出端口是否与电路图一致。

(3) 接通实验箱电源。

(4) 观察输入端取不同输入组合时输出端的变化，并记录下来。记录结果应与表 5.1.1 一致。

(5) 观察不定状态。在 $\overline{S}_D$ 和 $\overline{R}_D$ 端都为 0 时，再试图让它们同时变为 1，观察并记录输出端 Q 和 $\overline{Q}$ 的取值情况。预期结果是无法确定 Q 的状态，Q 端有时为 0 状态，有时为 1 状态。

2) 用 74LS00 验证同步 RS 触发器功能

(1) 将一片 74LS00 芯片按正确的方法放入数字电路实验箱的相应插座中，确保引脚一一对齐。将其 14 号引脚接电源，7 号引脚接地。

(2) 按照图 5.1.2 所示的电路图连线，连线后检查各输入、输出端口是否与电路图一致。

(3) 接通实验箱电源。

(4) 观察输入端取不同输入组合时输出端的变化，并记录下来。记录结果应与表 5.1.2 一致。

(5) 观察不定状态。在 R 和 S 端都为 1 时，再试图让其都变为 0，观察并记录输出端 Q

和 $\overline{Q}$ 的取值情况。预期结果是无法确定 Q 的状态，Q 端有时为 0 状态，有时为 1 状态。

二、仿真实验

本实验使用 Proteus 来进行仿真验证，包括验证基本 RS 触发器功能和同步 RS 触发器功能两个部分。

1. 验证基本 RS 触发器功能的实验步骤

1) 创建电路

(1) 放置实验器件。

在对象栏中单击器件模式按钮 ，然后单击 P 按钮。在关键词中输入 74LS00，选择所在大类 TTL74LS series 和所在子类 Gates & Inverters，再选择 74LS00。依次放置两个 74LS00，然后选择 LOGICSTATE 和 LOGICPROBE 器件，分别用于信号输入和输出。

Proteus 中用 74LS00 构成的基本 RS 触发器电路所用元件清单如表 5.1.3 所示。

表 5.1.3　用 74LS00 构成基本 RS 触发器电路的 Proteus 元件清单

元件名称	所在大类	所在子类	数量	备注
LOGICPROBE	Debugging Tools	Logic Probe	2	逻辑电平探测器
LOGICSTATE	Debugging Tools	Logic Stimuli	2	逻辑状态输入
74LS00	TTL 74LS series	Gates & Inverters	2	与非门

(2) 在原理图编辑区按图 5.1.3 连线，建立仿真实验电路。

注意，在本书的仿真电路图中，端口标号中用“'”表示非号。

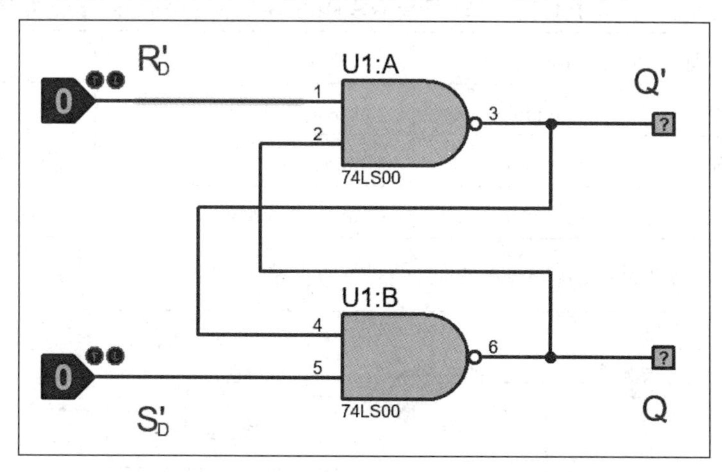

图 5.1.3　Proteus 中用 74LS00 构成的基本 RS 触发器仿真电路

2) 仿真测试

(1) 打开仿真开关。

(2) 在不同的初始 Q 状态时，用鼠标单击逻辑状态输入 LOGICSTATE(R'_D、S'_D)，改变其显示的值 0/1。观察逻辑电平探测器 LOGICPROBE(Q)的值，将结果记录并填入表 5.1.4 中，从而理解和掌握 74LS00 构成的基本 RS 触发器电路的特性和原理。

表 5.1.4　用 74LS00 构成的基本 RS 触发器电路仿真数据

输入逻辑		电路原来状态	输出逻辑状态
R'_D	S'_D	Q_n	Q_{n+1}

2. 验证同步 RS 触发器功能的实验步骤

1) 创建电路

(1) 放置实验器件。

用直接查找并放置元件的方法依次放置 4 个 74LS00，然后选择 LOGICSTATE 和 LOGICPROBE 器件，分别用于信号输入和输出。在对象栏中单击 Generator 模式，选择 DCLOCK 作为电路的 CP。

Proteus 中用 74LS00 构成的同步 RS 触发器电路所用元件清单如表 5.1.5 所示。

表 5.1.5　用 74LS00 构成同步 RS 触发器电路的 Proteus 元件清单

元件名称	所在大类	所在子类	数量	备注
LOGICPROBE	Debugging Tools	Logic Probe	2	逻辑电平探测器
LOGICSTATE	Debugging Tools	Logic Stimuli	2	逻辑状态输入
74LS00	TTL 74LS series	Gates & Inverters	4	与非门

(2) 在原理图编辑区按图 5.1.4 连线，建立仿真实验电路。

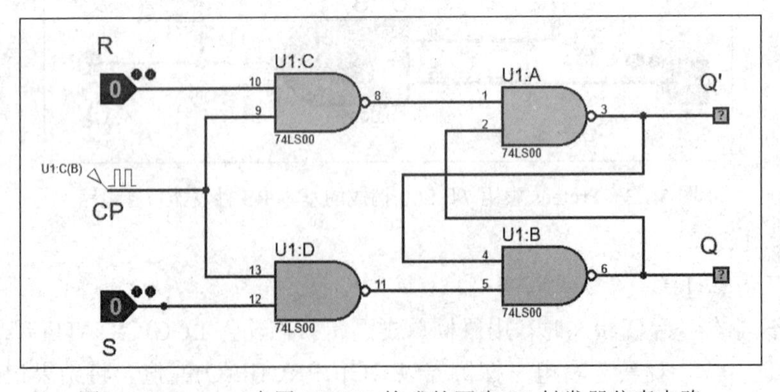

图 5.1.4　Proteus 中用 74LS00 构成的同步 RS 触发器仿真电路

2) 仿真测试

(1) 打开仿真开关。

(2) 在不同的初始 Q 状态，用鼠标单击逻辑状态输入 LOGICSTATE(R、S)，改变其显示的值 0/1。观察逻辑电平探测器 LOGICPROBE(Q)的值，并将结果填入表 5.1.6 中，从而理解和掌握 74LS00 构成的同步 RS 触发器电路的特性和原理。

表 5.1.6　74LS00 构成的同步 RS 触发器电路仿真数据

输入逻辑		电路原来状态	输出逻辑状态
R	S	Q_n	Q_{n+1}

实验项目 2　D 触发器和 JK 触发器基本功能验证

一、硬件实验

1. 实验目的

(1) 熟悉 D 触发器和 JK 触发器的基本原理；

(2) 验证 D 触发器的功能；

(3) 验证 JK 触发器的功能。

2. 实验预习要求

(1) 复习 D 触发器的工作原理，熟悉其电路结构、特性和特性方程；

(2) 复习 JK 触发器的工作原理，熟悉其电路结构、特性和特性方程。

3. 实验原理

1) D 触发器

不管是基本 RS 触发器，还是同步 RS 触发器，在特定的触发条件下，都存在不确定状态。这将严重影响电路的可用性。为了让触发器更加可控，在同步触发器的基础上，将同步 RS 触发器的 R、S 端之间接一个非门，使其电平总是相反，并采用一个输入端 D，就变成了 D 触发器。D 触发器的电路结构如图 5.2.1 所示。由于 D 触发器具有数据传输功能，因此 D 触发器的 D 端又叫 Data 端。

上升沿触发的 D 触发器的逻辑符号如图 5.2.2 所示。其中 $\overline{R}_{\mathrm{D}}$ 和 $\overline{S}_{\mathrm{D}}$ 分别为直接清零端和直接置 1 端。

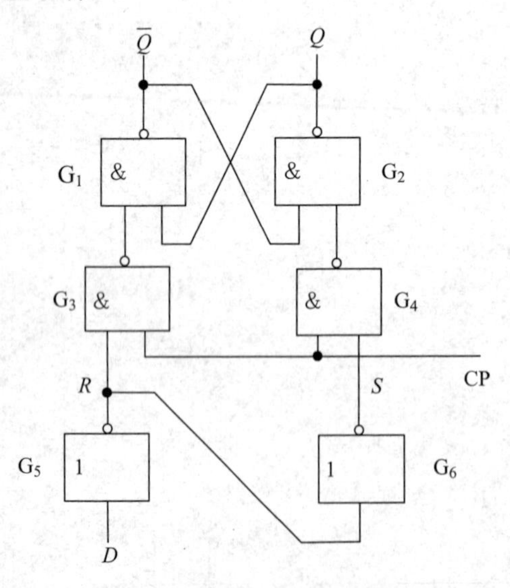

图 5.2.1　D 触发器的电路结构

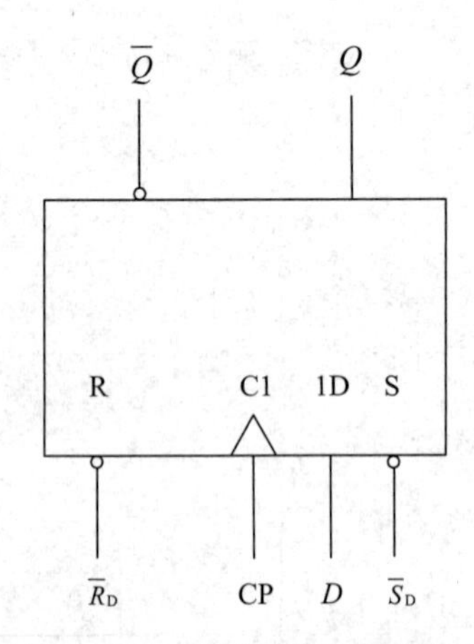

图 5.2.2　D 触发器的逻辑符号

D 触发器的特性方程为 $Q_{n+1} = D$，其特性如表 5.2.1 所示。从表中可见，当满足触发条件时，D 触发器的输出端 Q 的状态总是和输入端 D 保持一致。

表 5.2.1　D 触发器的特性

CP	D	Q_{n+1}	$\overline{Q}_{n+1}$
不满足触发条件	×	不变	
满足触发条件	0	0	1
	1	1	0

2) JK 触发器

另一种避免同步 RS 触发器中不定状态的方式是采用 JK 触发器。JK 触发器将 Q 和 $\overline{Q}$ 的信号分别反馈到 G_3 和 G_4 的输入端，使原来的同步 RS 触发器的 R 和 S 端不能同时等于 1。

JK 触发器的电路结构如图 5.2.3 所示。

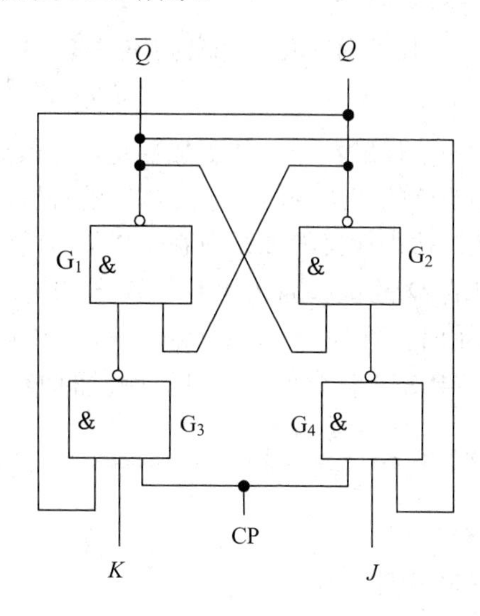

图 5.2.3　JK 触发器的电路结构

表 5.2.2 为 JK 触发器的特性。从该表中可以看出，JK 触发器具有置“0”、置“1”、保持和翻转 4 种功能。

表 5.2.2　JK 触发器的特性

J	K	Q_n	Q_{n+1}	特点	功能描述
0	0	0	0	$Q_{n+1}=Q_n$	保持
0	0	1	1		
0	1	0	0	输出状态与 J 端状态相同	置“0”
0	1	1	0		
1	0	0	1	输出状态与 J 端状态相同	置“1”
1	0	1	1		
1	1	0	1	$Q_{n+1}=\overline{Q}_n$	翻转
1	1	1	0		

JK 触发器的特性方程为 $Q_{n+1}=J\overline{Q}_n+\overline{K}Q_n$。

下降沿触发的 JK 触发器的逻辑符号如图 5.2.4 所示。

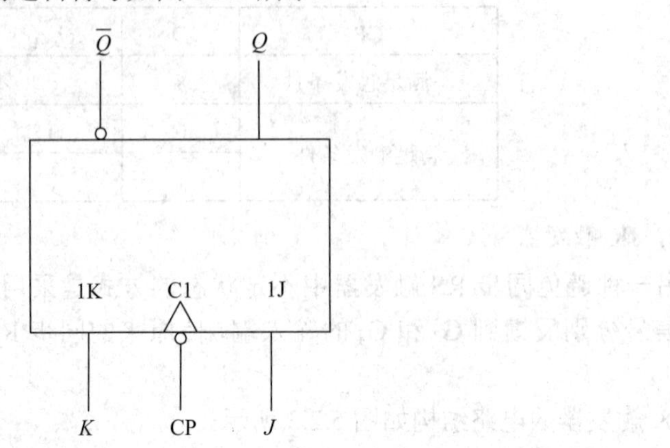

图 5.2.4　JK 触发器的逻辑符号

3) 边沿触发方式

在实际的电路使用中，为了使触发器工作更加稳定，一般要避免空翻。空翻是指在一个 CP 周期内触发器的输出端 Q 的状态翻转多于一次。这种空翻现象反映出触发器抗干扰的能力较差。为了克服空翻，边沿触发器要求只在 CP 信号的跳变沿改变状态，这样在一个 CP 周期内触发器的输出端 Q 的状态翻转就不会多于一次。CP 信号的跳变沿有两种情况：当 CP 信号由 0 跳变成 1 时，称为上升沿；当 CP 信号由 1 跳变成 0 时，称为下降沿。在本次实验用到的芯片中，74LS74 包含两个上升沿触发的 D 触发器，74LS112 包含两个下降沿触发的 JK 触发器。

4. 实验设备及器件

(1) 数字电路实验箱 1 台；

(2) 74LS112 和 74LS74 芯片各 1 片；

(3) 导线若干。

5. 实验内容及步骤

1) 验证 D 触发器功能

(1) 将 74LS74 芯片插入实验箱对应插槽，确保引脚一一对齐。将其 14 号引脚接电源，7 号引脚接地。

(2) 接通实验箱电源。

(3) 观察 CP 的上升沿到来时，输入端 D 取不同输入电平时输出端的变化，并记录下来。

(4) 观察 CP 不为上升沿时，输入端 D 取不同输入电平时输出端的变化，并记录下来。

(5) 对比记录的结果和 D 触发器的特性。记录结果应与表 5.2.1 一致。

2) 验证 JK 触发器功能

(1) 将 74LS112 芯片插入实验箱对应插槽，确保引脚一一对齐。将其 16 号引脚接电源，8 号引脚接地。

(2) 接通实验箱电源。

(3) 观察 CP 的下降沿到来时，输入端 J 和 K 取不同输入组合时输出端的变化，并记录下来。

(4) 观察 CP 不为下降沿时，输入端 J 和 K 取不同输入组合时输出端的变化，并记录下来。

(5) 对比记录的结果和 JK 触发器的特性。记录结果应与表 5.2.2 相同。

二、仿真实验

本实验使用 Proteus 来进行仿真验证，包括验证 D 触发器功能和 JK 触发器功能两个部分，分别基于 D 触发器和 JK 触发器的电路结构图进行功能验证。

1. 验证 D 触发器功能的实验步骤

1) 创建电路

(1) 放置实验器件。

用直接查找并放置元件的方法依次放置 4 个 74LS00 和 2 个 74LS04。然后选择 LOGICSTATE 和 LOGICPROBE 器件，分别用于信号输入和输出。在对象栏中单击 Generator 模式，选择 DCLOCK 作为电路的 CP。

Proteus 中用 74LS00 和 74LS04 构成的 D 触发器电路所用元件清单如表 5.2.3 所示。

表 5.2.3　用 74LS00 和 74LS04 构成 D 触发器电路的 Proteus 元件清单

元件名称	所在大类	所在子类	数量	备　注
LOGICPROBE	Debugging Tools	Logic Probe	2	逻辑电平探测器
LOGICSTATE	Debugging Tools	Logic Stimuli	1	逻辑状态输入
74LS00	TTL 74LS series	Gates & Inverters	4	与非门
74LS04	TTL 74LS series	Gates & Inverters	2	非门

(2) 在原理图编辑区按图 5.2.5 连线，建立仿真实验电路。

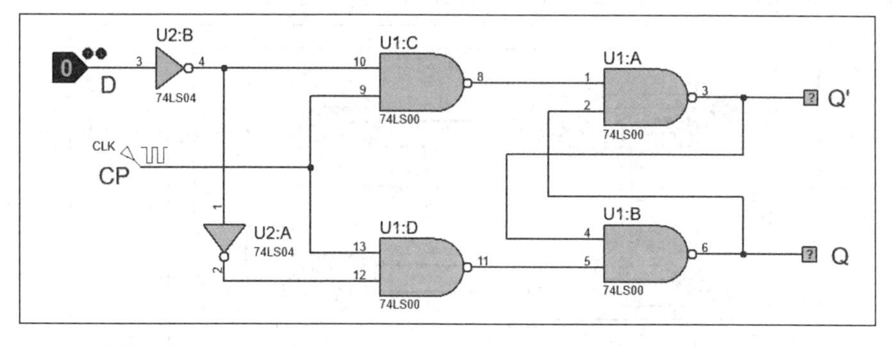

图 5.2.5　Proteus 中用 74LS00 和 74LS04 构成的 D 触发器仿真电路

2) 仿真测试

(1) 打开仿真开关。

(2) 当 CP 为 0 时，在不同的初始 Q 状态，用鼠标单击逻辑状态输入 LOGICSTATE(D)，改变其显示的值 0/1，观察逻辑电平探测器 LOGICPROBE(Q)；当 CP 为 1 时，在不同的初始 Q 状态，用鼠标单击逻辑状态输入 LOGICSTATE(D)，改变其显示的值 0/1，观察逻辑电平探测器 LOGICPROBE(Q)。将两种情况下得到的测试结果填入表 5.2.4 中，从而理解和掌握用 74LS00 和 74LS04 构成的 D 触发器电路的特性和原理。

表 5.2.4　D 触发器逻辑电路仿真数据

CP	D	Q_n	Q_{n+1}

2. 验证 JK 触发器功能的实验步骤

1) 创建电路

(1) 放置实验器件。

用直接查找并放置文件的方法依次放置 2 个 74LS00 和 2 个 74LS20。然后选择 LOGICSTATE 和 LOGICPROBE 器件，分别用于信号输入和输出。在对象栏中单击 Generator 模式 ，选择 DCLOCK 作为电路的 CP。

Proteus 中用 74LS00 和 74LS20 构成的 JK 触发器电路所用元件清单如表 5.2.5 所示。

表 5.2.5　用 74LS00 和 74LS20 构成 JK 触发器电路的 Proteus 元件清单

元件名称	所在大类	所在子类	数量	备注
LOGICPROBE	Debugging Tools	Logic Probe	2	逻辑电平探测器
LOGICSTATE	Debugging Tools	Logic Stimuli	2	逻辑状态输入
74LS00	TTL 74LS series	Gates & Inverters	2	与非门
74LS20	TTL 74LS series	Gates & Inverters	2	四输入端与非门

(2) 在原理图编辑区按图 5.2.6 连线，建立仿真实验电路。

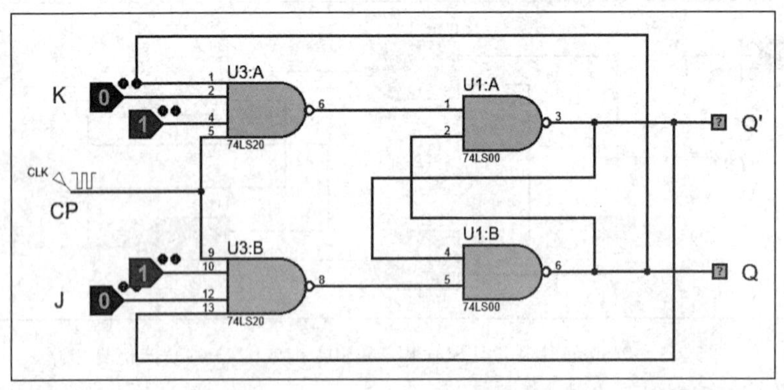

图 5.2.6　Proteus 中用 74LS00 和 74LS20 构成的 JK 触发器仿真电路

2) 仿真测试

(1) 打开仿真开关。

(2) 在不同的初始 Q 状态，用鼠标单击逻辑状态输入 LOGICSTATE(J、K)，改变其显示的值 0/1。观察逻辑电平探测器 LOGICPROBE(Q)，并将结果填入表 5.2.6 中，从而理解和掌握 74LS00 构成的 JK 触发器电路的特性和原理。

表 5.2.6　74LS00 构成的 JK 触发器电路仿真数据

<table>
<tr><th>J</th><th>K</th><th>Q_n</th><th>Q_{n+1}</th><th>功　能</th></tr>
<tr><td></td><td></td><td></td><td></td><td rowspan="2"></td></tr>
<tr><td></td><td></td><td></td><td></td></tr>
<tr><td></td><td></td><td></td><td></td><td rowspan="2"></td></tr>
<tr><td></td><td></td><td></td><td></td></tr>
<tr><td></td><td></td><td></td><td></td><td rowspan="2"></td></tr>
<tr><td></td><td></td><td></td><td></td></tr>
<tr><td></td><td></td><td></td><td></td><td rowspan="2"></td></tr>
<tr><td></td><td></td><td></td><td></td></tr>
</table>

实验项目 3 D 触发器和 JK 触发器相互转换

一、硬件实验

1. 实验目的

(1) 熟悉 D 触发器和 JK 触发器相互转换的原理；

(2) 验证和分析 D 触发器和 JK 触发器相互转换后的结果。

2. 实验预习要求

(1) 复习 D 触发器、JK 触发器的特性方程；

(2) 复习触发器之间相互转换的方法。

3. 实验原理

在工程应用中，有时候不可能所有器件都很齐全，但又需要尽可能地实现所需要的功能。此时就可以利用电路的相互转换来完成这一过程。下面介绍 D 触发器和 JK 触发器之间相互转换的原理。

1) JK 触发器转换成 D 触发器

由特性方程入手，分别写出 JK 触发器和 D 触发器的特性方程。

JK 触发器的特性方程为

$$Q_{n+1} = J\overline{Q}_n + \overline{K}Q_n$$

D 触发器的特性方程为

$$Q_{n+1} = D = D(\overline{Q}_n + Q_n) = D\overline{Q}_n + DQ_n$$

通过比较，可得 $J=D$，$K=\overline{D}$。因此，只需要在 JK 触发器中令 $J=D$ 和 $K=\overline{D}$，就实现了和 D 触发器完全一样的功能。

JK 触发器转换成 D 触发器的电路如图 5.3.1 所示。

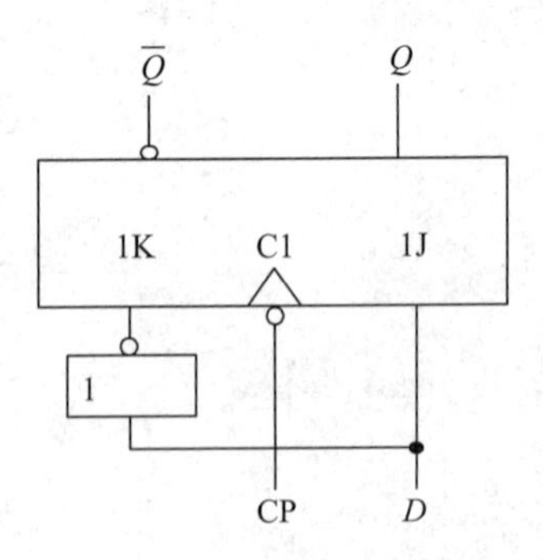

图 5.3.1 JK 触发器转换成 D 触发器的电路

2) D 触发器转换成 JK 触发器

由特性方程入手，分别写出 D 触发器和 JK 触发器的特性方程。

D 触发器的特性方程为

$$Q_{n+1} = D$$

JK 触发器的特性方程为

$$Q_{n+1} = J\overline{Q}_n + \overline{K}Q_n$$

比较得 $D = J\overline{Q}_n + \overline{K}Q_n$，即只需在 D 触发器中令输入端 $D = J\overline{Q}_n + \overline{K}Q_n$，输出端就和 JK 触发器的功能相同。

D 触发器转换成 JK 触发器的电路如图 5.3.2 所示。

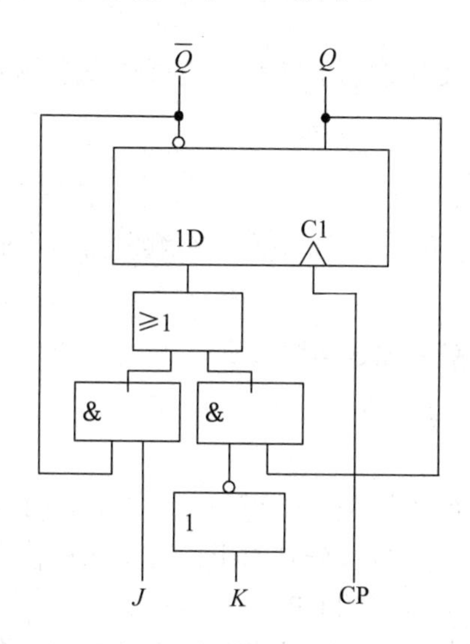

图 5.3.2　D 触发器转换成 JK 触发器的电路

4. 实验设备及器件

(1) 数字电路实验箱 1 台；

(2) 74LS112 和 74LS74 芯片各 1 片；

(3) 74LS08、74LS32 和 74LS04 芯片各 1 片；

(4) 导线若干。

5. 实验内容及步骤

1) JK 触发器转换成 D 触发器

(1) 将 74LS112 芯片插入实验箱对应的插槽中，确保引脚一一对齐。将其 16 号引脚接电源，8 号引脚接地。

(2) 按照 JK 触发器转换成 D 触发器的电路图 5.3.1 进行连线。

(3) 接通实验箱电源。

(4) 观察 CP 的下降沿到来时，输入端 D 取不同输入电平时输出端的变化，并记录下来。

(5) 观察 CP 不为下降沿时，输入端 D 取不同输入电平时输出端的变化，并记录下来。

(6) 对比记录的结果和 D 触发器的特性。记录结果应与 D 触发器的特性完全相同。

2) D 触发器转换成 JK 触发器

(1) 将 74LS74 芯片插入实验箱对应的插槽中，确保引脚一一对齐。将其 14 号引脚接电源，7 号引脚接地。

(2) 按照 D 触发器转换成 JK 触发器的电路图 5.3.2 进行连线。

(3) 接通实验箱电源。

(4) 观察 CP 的上升沿到来时，输入端 J 和 K 取不同输入组合时输出端的变化，并记录下来。

(5) 观察 CP 不为上升沿时，输入端 J 和 K 取不同输入组合时输出端的变化，并记录下来。

(6) 对比记录的结果和 JK 触发器的特性。记录结果应与 JK 触发器的特性完全相同。

二、仿真实验

本实验使用 Proteus 进行仿真验证，包括 JK 触发器转换成 D 触发器和 D 触发器转换成 JK 触发器两个部分。

1. JK 触发器转换成 D 触发器的实验步骤

1) 创建电路

(1) 放置实验器件。

用直接查找并放置元件的方法依次放置 1 个 74LS112 和 1 个 74LS04。然后选择 LOGICSTATE 和 LOGICPROBE 器件，分别用于信号输入和输出。在对象栏中单击 Generator 模式，选择 DCLOCK 作为电路的 CP。

Proteus 中用 JK 触发器转换成 D 触发器电路所用元件清单如表 5.3.1 所示。

表 5.3.1　用 JK 触发器转换成 D 触发器电路的 Proteus 元件清单

元件名称	所在大类	所在子类	数量	备　注
LOGICPROBE	Debugging Tools	Logic Probe	2	逻辑电平探测器
LOGICSTATE	Debugging Tools	Logic Stimuli	1	逻辑状态输入
74LS04	TTL 74LS series	Gates & Inverters	1	非门
74LS112	TTL 74LS series	Flip-Flops & Latches	1	JK 触发器

(2) 在原理图编辑区按图 5.3.3 连线，建立仿真实验电路。

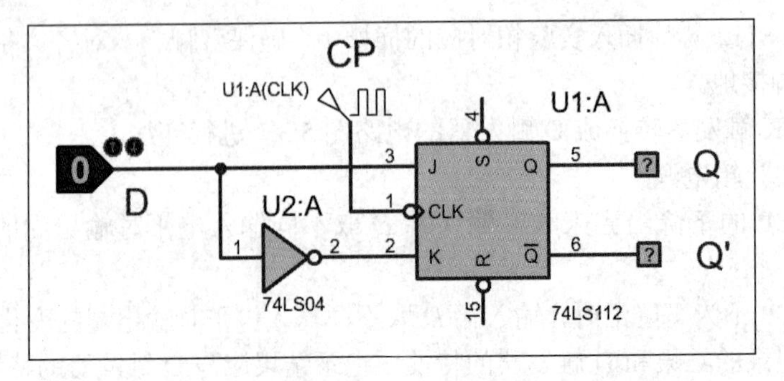

图 5.3.3　Proteus 中用 JK 触发器转换成 D 触发器仿真电路

2) 仿真测试

(1) 打开仿真开关。

(2) 当 CP 的下降沿到来时，在不同的初始 Q 状态，用鼠标单击逻辑状态输入 LOGICSTATE(D)，改变其显示的值 0/1，观察逻辑电平探测器 LOGICPROBE(Q)；当 CP 不为下降沿时，在不同的初始 Q 状态，用鼠标单击逻辑状态输入 LOGICSTATE(D)，改变其显示的值 0/1，观察逻辑电平探测器 LOGICPROBE(Q)。将测试结果填入表 5.3.2 中，从而理解和掌握 JK 触发器转换成 D 触发器的电路原理。

表 5.3.2　JK 触发器转换成 D 触发器仿真数据

CP	D	Q_n	Q_{n+1}

2. D 触发器转换成 JK 触发器的实验步骤

1) 创建电路

(1) 放置实验器件。

用直接查找并放置元件的方法依次放置 2 个 74LS08、1 个 74LS04、1 个 74LS32 和 1 个 74LS74。然后选择 LOGICSTATE 和 LOGICPROBE 器件，分别用于信号输入和输出。在对象栏中单击 Generator 模式，选择 DCLOCK 作为电路的 CP。

Proteus 中用 D 触发器转换成 JK 触发器电路所用元件清单如表 5.3.3 所示。

表 5.3.3　用 D 触发器转换成 JK 触发器电路的 Proteus 元件清单

元件名称	所在大类	所在子类	数量	备　注
LOGICPROBE	Debugging Tools	Logic Probe	2	逻辑电平探测器
LOGICSTATE	Debugging Tools	Logic Stimuli	2	逻辑状态输入
74LS08	TTL 74LS series	Gates & Inverters	2	与门
74LS32	TTL 74LS series	Gates & Inverters	1	或门
74LS04	TTL 74LS series	Gates & Inverters	1	非门
74LS74	TTL 74LS series	Flip-Flops & Latches	1	D 触发器

(2) 在原理图编辑区按图 5.3.4 连线，建立仿真实验电路。

2) 仿真测试

(1) 打开仿真开关。

(2) 在不同的初始 Q 状态，用鼠标单击逻辑状态输入 LOGICSTATE(J、K)，改变其显示的值 0/1。观察逻辑电平探测器 LOGICPROBE(Q)。将测试结果填入表 5.3.4 中，从而理解和掌握 D 触发器转换成 JK 触发器的原理。

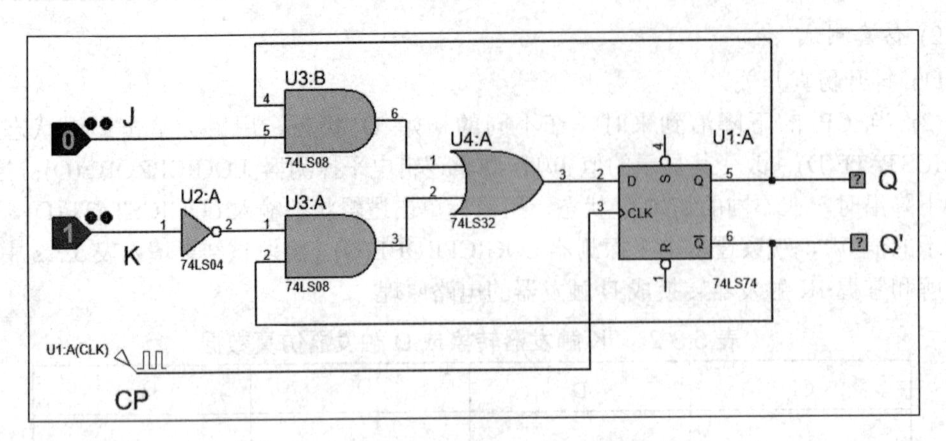

图 5.3.4　Proteus 中用 D 触发器转换成 JK 触发器仿真电路

表 5.3.4　D 触发器转换成 JK 触发器仿真数据

J	K	Q_n	Q_{n+1}	功能

实验项目 4　用 D 触发器实现移位寄存器

一、硬件实验

1. 实验目的

(1) 掌握用 D 触发器实现移位寄存器的实验原理；

(2) 验证和分析用 D 触发器实现的移位寄存器。

2. 实验预习要求

(1) 复习 D 触发器的基本概念和基本原理；

(2) 复习边沿触发器的概念和特点；

(3) 复习用 D 触发器组成的移位寄存器的工作原理，熟悉其电路结构和工作过程。

3. 实验原理

用 D 触发器实现移位寄存器的电路如图 5.4.1 所示。将 4 个 D 触发器的 CP 输入端连到一起接统一的移位脉冲，构成同步时序逻辑电路。所有 D 触发器的清零端接在一起，当接入清零脉冲时，移位寄存器将清零；同时，所有 D 触发器的 S 端接在一起，当接入高电平时，移位寄存器的所有输出端将置 1。图中最左边的 D 触发器的 D 端输入数据，右边的触发器的 D 端接左边的触发器的 Q 端。移位的数据可以从 Q_1 端依次串行输出，也可以从 Q_1、Q_2、Q_3、Q_4 4 个端口并行输出。

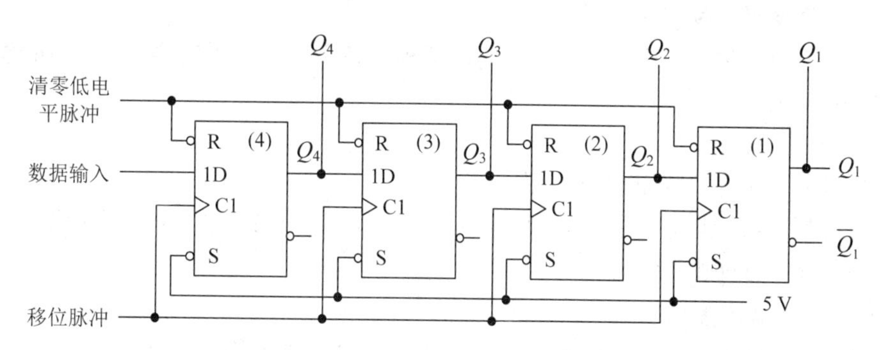

图 5.4.1　用 D 触发器实现移位寄存器的电路

假设在最左边的触发器的 D 端依次输入二进制数据 1011，该移位寄存器的波形图如图 5.4.2 所示。输入数据之前，Q_1、Q_2、Q_3、Q_4 4 个端口的状态都为 0。输入数据后，当第一个 CP 上升沿到来时，由 D 触发器的特性可知，Q_4 的值将跟 D 输入端相同，$Q_4 = 1$。当第二个 CP 上升沿到来时，Q_4 的值将跟现在的 D 输入端相同，Q_3 的值跟之前 Q_4 的状态相同，有 $Q_4 = 0$，$Q_3 = 1$。以此类推，经过 4 个 CP 上升沿后，这 4 位二进制数据全部移入寄存器，有 $Q_4 = 1$，$Q_3 = 1$，$Q_2 = 0$，$Q_4 = 1$。此时可从 Q_1、Q_2、Q_3、Q_4 4 个端口并行输出寄存的数据。注意图中用数字标明了对移位起作用的 4 个 CP 上升沿。如果再有 CP 上升沿到来，移位进来的数据将依次移出寄存器，最终可以从 Q_1 端依次串行输出寄存的数据。

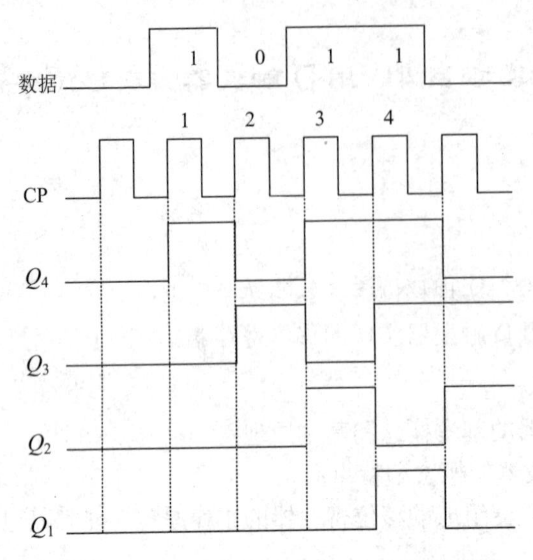

图 5.4.2　用 D 触发器构成的移位寄存器波形图

4. 实验设备及器件

(1) 数字电路实验箱 1 台；

(2) 74LS74 芯片 2 片；

(3) 导线若干。

5. 实验内容及步骤

1) 用 D 触发器组成移位寄存器

(1) 将 2 片 74LS74 芯片插入实验箱对应插槽，确保引脚一一对齐。将其 14 号引脚接电源，7 号引脚接地。

(2) 接通实验箱电源。

(3) 验证每组 D 触发器的功能是否正常。

(4) 按照图 5.4.1 连线，要求能清晰辨认出整个移位寄存器的输入端和输出端。其中为了便于控制，CP 脉冲由手动开关输入。

2) 验证移位寄存器的功能

(1) 分别对应 CP 的 4 个上升沿到来前，在移位寄存器的输入端输入 1011。其中“1”代表输入高电平，“0”代表输入低电平。

(2) 在每个 CP 的上升沿到来后，记录寄存器 Q_1、Q_2、Q_3、Q_4 4 个端口的状态。

(3) 对比记录的结果和图 5.4.2 的波形图。对应最开始输入 CP 的 4 个上升沿，记录结果与图 5.4.2 的波形图相同。在输入第 5 个以上的 CP 上升沿时，寄存器内的数据依次移出。

二、仿真实验

本实验使用 Proteus 来进行仿真验证，对 D 触发器实现的移位寄存器电路功能进行仿真测试。

1) 创建电路

(1) 放置实验器件。

用直接查找并设置元件的方法依次放置 4 个 74LS74。然后选择 LOGICSTATE 和 LOGICPROBE 器件分别用于信号输入和输出。在对象栏中单击 Generator 模式 ，选择 DCLOCK 作为电路的 CP。

Proteus 中用 D 触发器实现移位寄存器电路所用元件清单如表 5.4.1 所示。

表 5.4.1　用 D 触发器实现移位寄存器电路的 Proteus 元件清单

元件名称	所在大类	所在子类	数量	备　注
LOGICPROBE	Debugging Tools	Logic Probe	4	逻辑电平探测器
LOGICSTATE	Debugging Tools	Logic Stimuli	3	逻辑状态输入
74LS74	TTL 74LS series	Flip-Flops & Latches	4	D 触发器

(2) 在原理图编辑区按图 5.4.3 连线，建立仿真实验电路。

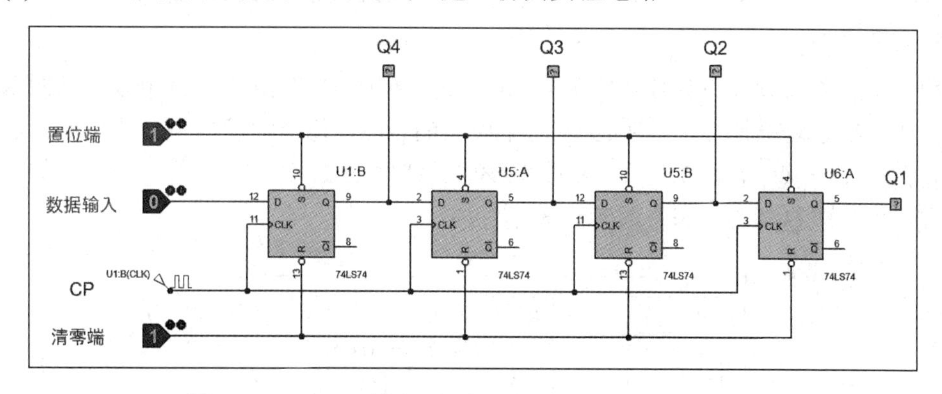

图 5.4.3　Proteus 中用 D 触发器实现移位寄存器仿真电路

2) 仿真测试

(1) 打开仿真开关。

(2) 伴随着 CP 的上升沿，依次在 D 端输入 1011，观察逻辑电平探测器 LOGICPROBE (Q4、Q3、Q2、Q1)，并在图 5.4.4 中画出波形图。结合上述实验过程和结果，理解和掌握用 D 触发器实现移位寄存器电路的原理。

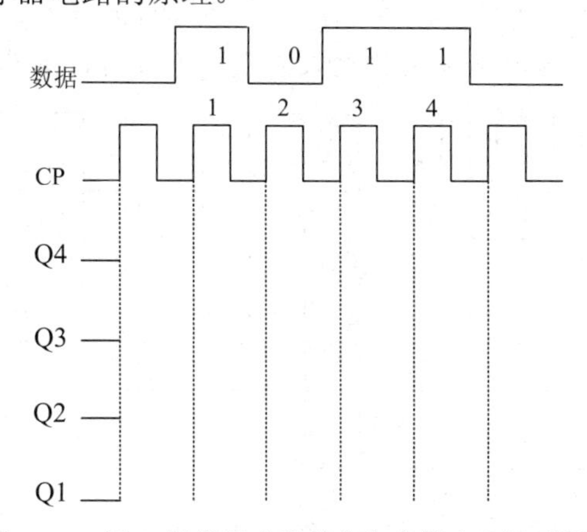

图 5.4.4　用 D 触发器实现移位寄存器电路波形图

实验项目 5　用 D 触发器实现 4 位计数器

一、硬件实验

1. 实验目的

(1) 熟悉用 D 触发器实现 4 位计数器的实验原理；

(2) 验证和分析用 D 触发器实现的 4 位计数器的功能，并使用七段显示译码器显示计数结果。

2. 实验预习要求

(1) 复习 D 触发器构成 T' 触发器的方法；

(2) 复习用 D 触发器实现计数器的工作原理，并熟悉其电路结构和功能。

3. 实验原理

用 D 触发器实现 4 位计数器的电路如图 5.5.1 所示。电路由 4 个 D 触发器按图示方式连接构成，右边触发器的 CP 端接到左边触发器的 $\overline{Q}$ 端，每个触发器的 D 端连到一起，因此有 $Q_{n+1} = D = \overline{Q}_n$。也就是说，每个触发器的特性跟 T' 触发器一样，当 CP 的上升沿到来时，触发器 Q 端的状态将翻转一次。

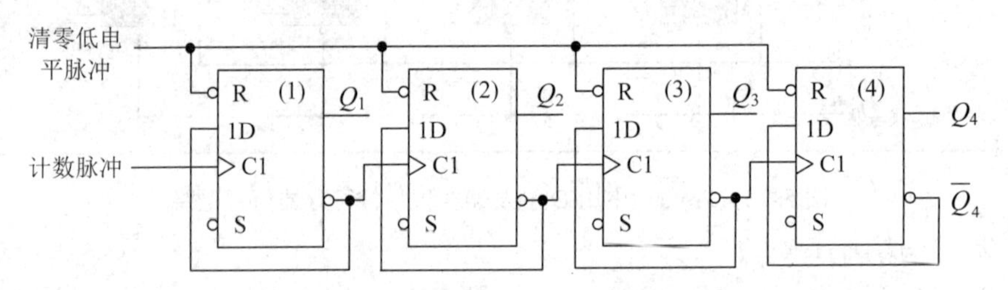

图 5.5.1　用 D 触发器实现 4 位计数器的电路

根据电路的连接情况，只有当左边触发器的 $\overline{Q}$ 端由 0 状态变成 1 状态时，右边触发器的 CP 端才有上升沿产生。因此该电路的波形图如图 5.5.2 所示。由波形图可以看出，随着连续的 CP 上升沿的到来，Q_1、Q_2、Q_3、Q_4 4 个端口的状态在 0000 和 1111 之间做加法计数，且不断循环。因此，该电路是由 D 触发器实现的 4 位计数器。

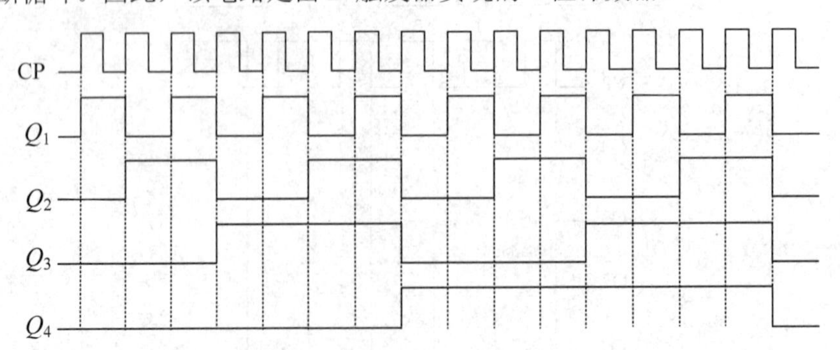

图 5.5.2　用 D 触发器实现 4 位计数器的波形图

4. 实验设备及器件

(1) 数字电路实验箱 1 台；

(2) 74LS74 芯片 2 片；

(3) 导线若干。

5. 实验内容及步骤

1) 用 D 触发器组成 4 位计数器

(1) 将 2 片 74LS74 芯片插入实验箱对应插槽，确保引脚一一对齐。将其 14 号引脚接电源，7 号引脚接地。

(2) 接通实验箱电源。

(3) 验证每组 D 触发器的功能是否正常。

(4) 按照图 5.5.1 连线，要求能清晰辨认出整个计数器的输入端和输出端。为了便于控制，CP 脉冲也可由手动开关输入。

(5) 将 Q_1、Q_2、Q_3、Q_4 4 个端口分别连 4 个 LED 灯以显示计数结果，注意 Q_4 为该 4 位二进制数的最高位。

2) 验证计数器的功能

(1) 在 CP 端依次输入 16 个上升沿，在每个 CP 的上升沿到来时，记录计数器 Q_1、Q_2、Q_3、Q_4 4 个端口的状态。

(2) 判断计数器是否在 0000 和 1111 之间做加法计数。

(3) 对比记录的结果和图 5.5.2 的波形图。计数器应在 0000 和 1111 之间做加法计数，且 Q_4、Q_3、Q_2、Q_1 4 个端口的状态在 1111 后又变为 0000，开始新的一轮计数循环。记录结果应与图 5.5.2 的波形图相同。

二、仿真实验

本实验使用 Proteus 进行仿真验证，对用 D 触发器实现的 4 位计数器电路功能进行仿真测试。

1) 创建电路

(1) 放置实验器件。

用直接查找并放置元件的方法依次放置 4 个 74LS74。然后选择 LOGICSTATE 和 LOGICPROBE 器件，分别用于信号输入和输出。在对象栏中单击 Generator 模式，选择 DCLOCK 作为电路的 CP。

Proteus 中用 D 触发器实现 4 位计数器电路所用元件清单如表 5.5.1 所示。

表 5.5.1　用 D 触发器实现 4 位计数器电路的 Proteus 元件清单

元件名称	所在大类	所在子类	数量	备　注
LOGICPROBE	Debugging Tools	Logic Probe	4	逻辑电平探测器
LOGICSTATE	Debugging Tools	Logic Stimuli	1	逻辑状态输入
74LS74	TTL 74LS series	Flip-Flops & Latches	4	D 触发器

(2) 在原理图编辑区按图 5.5.3 连线，建立仿真实验电路。

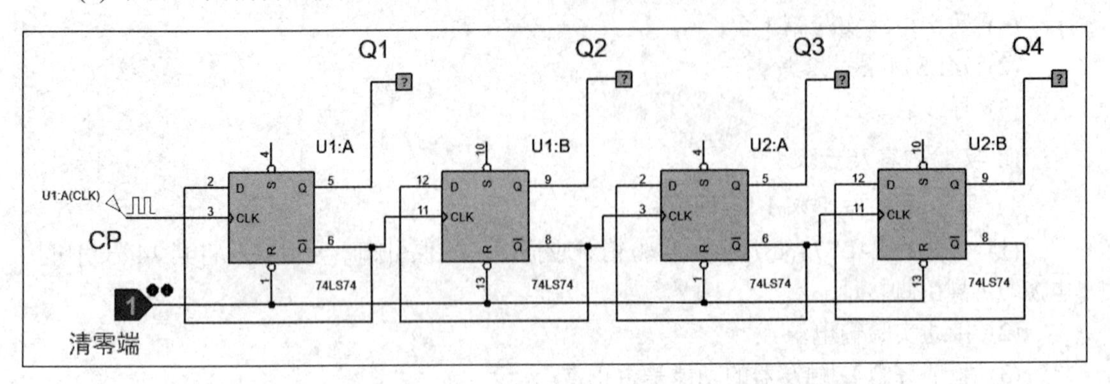

图 5.5.3　Proteus 中用 D 触发器实现 4 位计数器仿真电路

2) 仿真测试

(1) 打开仿真开关。

(2) 通过清零端把 Q4、Q3、Q2、Q1 的初始状态设置为 0。观察当连续的 16 个 CP 的上升沿到来时，逻辑电平探测器 LOGICPROBE(Q4、Q3、Q2、Q1)的状态，并在图 5.5.4 中画出波形图。结合实验过程和结果，理解和掌握用 D 触发器实现 4 位计数器电路的原理。

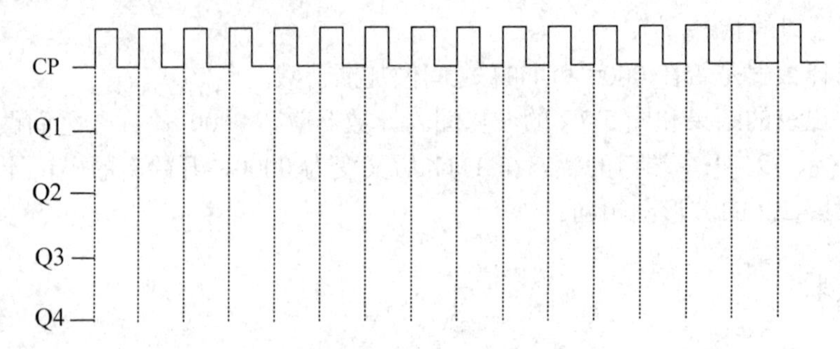

图 5.5.4　用 D 触发器实现 4 位计数器电路波形图

实验项目 6　同步时序逻辑电路分析——模 4 计数器

一、硬件实验

1. 实验目的

(1) 掌握同步时序逻辑电路的分析和设计方法；

(2) 验证同步时序逻辑电路模 4 计数器的功能，并使用七段显示译码器显示计数结果。

2. 实验预习要求

(1) 复习同步时序逻辑电路的分析方法；

(2) 复习用 JK 触发器实现同步模 4 计数器的工作原理，并熟悉电路结构和功能。

3. 实验原理

用 2 个 JK 触发器组成的模 4 计数器的电路如图 5.6.1 所示。由于电路中 2 个触发器的 CP 端是连在一起的，因此该电路是同步时序逻辑电路。

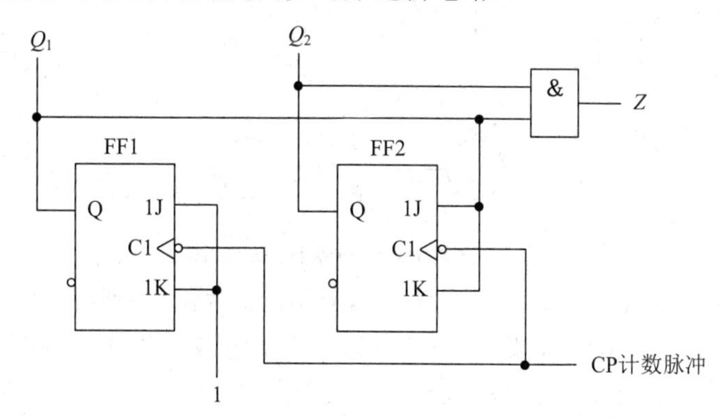

图 5.6.1　用 JK 触发器组成的模 4 计数器电路

下面使用同步时序电路分析方法来分析电路的逻辑功能。

(1) 列写该电路的驱动方程和输出方程。

驱动方程：

$$J_{1n} = K_{1n} = 1,\ J_{2n} = K_{2n} = Q_{1n}$$

输出方程：

$$Z_n = Q_{1n}Q_{2n}$$

(2) 求出电路的状态方程。

JK 触发器的特征方程为

$$Q_{n+1} = J\overline{Q}_n + \overline{K}Q_n$$

将驱动方程代入 JK 触发器的特征方程，求得状态方程：

$$Q_{1n+1} = J_{1n}\overline{Q}_{1n} + \overline{K}_{1n}Q_{1n} = \overline{Q}_{1n}$$

$$Q_{2n+1} = J_{2n}\overline{Q}_{2n} + \overline{K}_{2n}Q_{2n} = Q_{1n}\overline{Q}_{2n} + \overline{Q}_{1n}Q_{2n}$$

(3) 求电路的状态转换表和状态转换图。根据状态方程和输出方程，可求出电路的状态转换表和状态转换图。将 Q_{2n} 和 Q_{1n} 的不同输入组合代入该电路的状态方程和输出方程，可得状态转换表，如表 5.6.1 所示。

表 5.6.1　模 4 计数器的状态转换表

现　态		次　态		输　出
Q_{2n}	Q_{1n}	Q_{2n+1}	Q_{1n+1}	Z_n
0	0	0	1	0
0	1	1	0	0
1	0	1	1	0
1	1	0	0	1

由状态转换表绘出状态转换图，如图 5.6.2 所示。

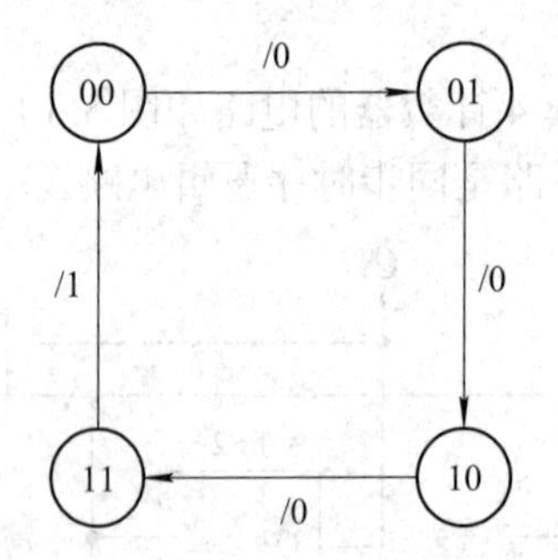

图 5.6.2　模 4 计数器状态转换图

(4) 画波形图。利用状态转换表或状态转换图，首先画出时钟脉冲，再画出 Q_2、Q_1 的波形图，最后画出 Z 的波形，如图 5.6.3 所示。由于电路图中的 JK 触发器都是下降沿触发，因此在 CP 的下降沿处，电路的状态才发生变化。

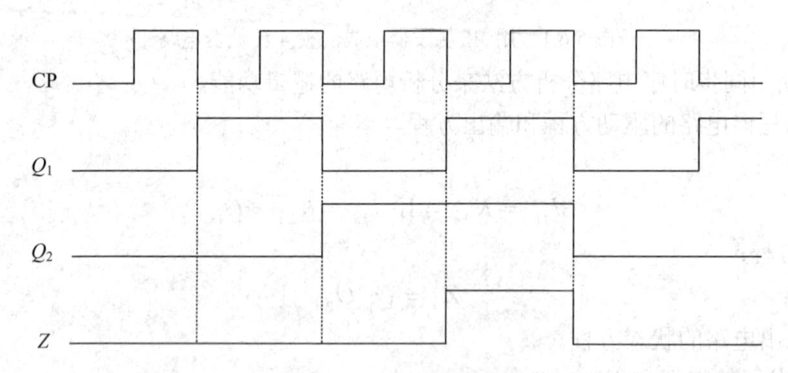

图 5.6.3　模 4 计数器波形图

(5) 逻辑功能分析。通过对状态转换图、状态转换表和波形图的分析，可以清楚地看出，每经过 4 个时钟脉冲的作用，Q_2Q_1 的状态从 00 到 11 顺序递增，电路的状态循环一次，同时在输出端产生一个 1 信号输出。因此，该电路是一个模 4 计数器，时钟脉冲 CP 为计数脉冲输入，输出端 Z 是进位输出。该计数器也称为 2 位二进制计数器。

4. 实验设备及器件

(1) 数字电路实验箱 1 台；

(2) 74LS112 和 74LS08 芯片各 1 片；

(3) 导线若干。

5. 实验内容及步骤

1) 用 JK 触发器组成同步模 4 计数器

(1) 将 74LS112 芯片插入实验箱对应插槽，确保引脚一一对齐。将其 16 号引脚接电源，8 号引脚接地。

(2) 接通实验箱电源。

(3) 验证每组 JK 触发器的功能是否正常。

(4) 按照图 5.6.1 连线，要求能清晰辨认出整个计数器的输入端和输出端。为了便于控制，CP 脉冲也可由手动开关输入。

(5) 测试数码显示管的功能是否正常。

(6) 将 Q_1、Q_2 2 个端口接入数码显示管的对应输入端，注意 Q_2 为 2 位二进制数的高位。

2) 验证计数器的功能

(1) 在 CP 端依次输入 4 个下降沿，在每个 CP 的下降沿到来时，记录计数器 Q_1、Q_2、Z 端口的状态，并观察数码显示管的显示情况。

(2) 判断计数器是否在 00 和 11 之间做加法计数。

(3) 对比记录的结果和图 5.6.3 的波形图。计数器应在 00 和 11 之间做加法计数，且 Q_2、Q_1 端口的状态为 11 时，Z 端输出一个进位 1。之后，Q_2、Q_1 端口的状态又变为 00，此时 Z 端输出变为 0，接下来开始新的一轮计数循环。记录结果应与图 5.6.3 的波形图相同。

二、仿真实验

本实验使用 Proteus 进行仿真验证，对同步模 4 计数器电路功能进行仿真测试。

1) 创建电路

(1) 放置实验器件。

用直接查找和放置元件的方法依次放置两个 74LS112 和一个 74LS08。然后选择 LOGICSTATE 和 LOGICPROBE 器件，分别用于信号输入和输出。在对象栏中单击 Generator 模式，选择 DCLOCK 作为电路的 CP。

Proteus 中用 JK 触发器实现同步模 4 计数器电路所用元件清单如表 5.6.2 所示。

表 5.6.2　用 JK 触发器实现同步模 4 计数器电路的 Proteus 元件清单

元件名称	所在大类	所在子类	数量	备　注
LOGICPROBE	Debugging Tools	Logic Probe	3	逻辑电平探测器
LOGICSTATE	Debugging Tools	Logic Stimuli	1	逻辑状态输入
74LS112	TTL 74LS series	Flip-Flops & Latches	2	JK 触发器
74LS08	TTL 74LS series	Gates & Inverters	1	与门

(2) 在原理图编辑区按图 5.6.4 连线，建立仿真实验电路。

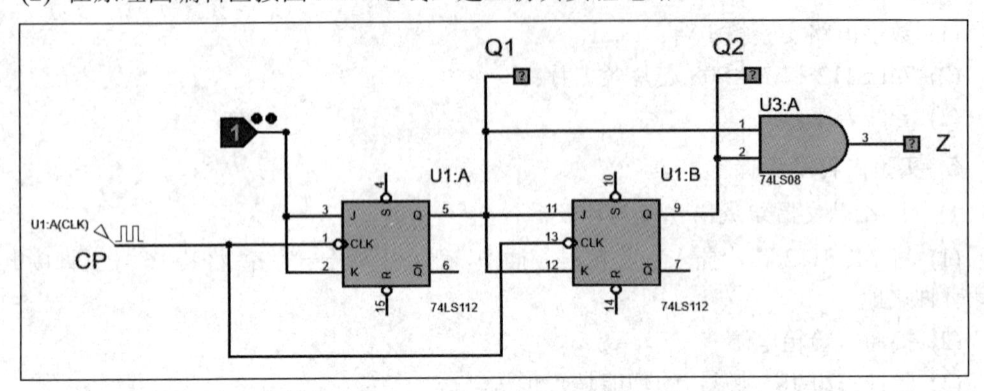

图 5.6.4　Proteus 中用 JK 触发器实现同步模 4 计数器仿真电路

2) 仿真测试

(1) 打开仿真开关。

(2) 把 Q2、Q1 的初始状态设置为 0。观察当连续 4 个 CP 的下降沿到来时，逻辑电平探测器 LOGICPROBE(Q2、Q1、Z)的状态，在图 5.6.5 中画出波形图，并画出状态转换图。结合实验过程和结果，理解和掌握用 JK 触发器实现同步模 4 计数器电路的原理。

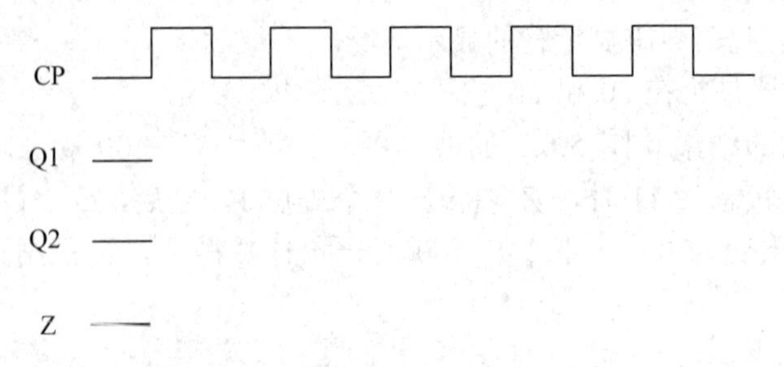

图 5.6.5　用 JK 触发器实现同步模 4 计数器电路波形图

实验项目 7　异步时序逻辑电路分析——模 5 计数器

一、硬件实验

1. 实验目的

(1) 掌握异步时序逻辑电路的分析和设计方法；

(2) 验证异步时序逻辑电路模 5 计数器的功能，并使用七段显示译码器显示计数结果。

2. 实验预习要求

(1) 复习异步时序逻辑电路的分析和设计方法；

(2) 复习用 JK 触发器构成异步模 5 计数器的方法，并熟悉其电路结构、状态方程、波形图、状态转换表和状态转换图。

3. 实验原理

由 3 个 JK 触发器构成的模 5 计数器的电路如图 5.7.1 所示。由于电路中 JK 触发器的 CP 端不是连在一起的，因此该电路是异步时序逻辑电路。

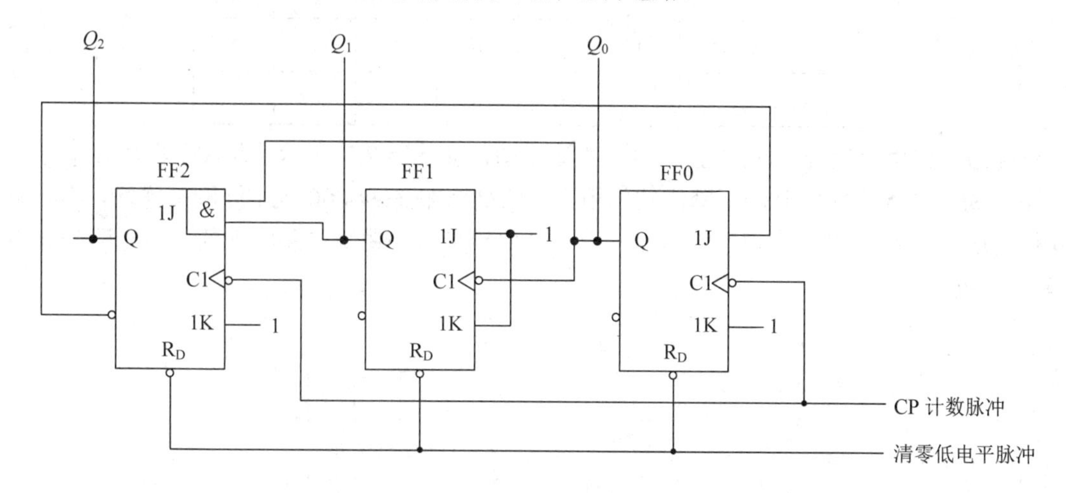

图 5.7.1　由 JK 触发器构成的模 5 计数器电路

与同步时序逻辑电路的分析方法不同，异步时序逻辑电路的分析应考虑时钟信号。下面采用异步时序逻辑电路的分析方法对该电路的功能进行分析。

(1) 写出各触发器的驱动方程和时钟方程：

$$J_0 = \overline{Q}_2, K_0 = 1$$

$$J_1 = K_1 = 1$$

$$J_2 = Q_0Q_1，K_2 = 1$$

$$CP_0 = CP_2 = CP$$

$$CP_1 = Q_0$$

(2) 将驱动方程代入 JK 触发器的特性方程，得到各触发器的状态方程。注意这些方程只有在相应的时钟脉冲跳变沿到来时才成立，因此在方程中需要包含它们对应的时钟条件。若没有对应的 CP 时钟信号，则触发器保持原态。

$$Q_{0n+1} = (J_0\overline{Q}_{0n} + \overline{K}_0 Q_{0n})\,\mathrm{CP}_0 = [\overline{Q}_{2n}\overline{Q}_{0n}]\,\mathrm{CP}$$

$$Q_{1n+1} = (J_1\overline{Q}_{1n} + \overline{K}_1 Q_{1n})\,\mathrm{CP}_1 = [\overline{Q}_{1n}]\,\mathrm{CP}_1$$

$$Q_{2n+1} = (J_2\overline{Q}_{2n} + \overline{K}_2 Q_{2n})\,\mathrm{CP}_2 = [\overline{Q}_{2n}Q_{1n}Q_{0n}]\,\mathrm{CP}$$

根据上面的方程可得到该电路的状态转换表(态序表)，如表 5.7.1 所示。其中 CP 的状态中用“1”表示有时钟脉冲跳变沿到来，“0”表示没有时钟脉冲跳变沿到来。由于电路中使用的是下降沿触发的 JK 触发器，因此这里时钟脉冲跳变沿指的是时钟脉冲的下降沿。

表 5.7.1　模 5 计数器的状态转换表

CP 脉冲个数	Q_2	Q_1	Q_0	CP_2	CP_1	CP_0
0	0	0	0	0	0	0
1	0	0	1	1	0	1
2	0	1	0	1	1	1
3	0	1	1	1	0	1
4	1	0	0	1	1	1
5	0	0	0	1	0	1

根据上面的态序表，可画出该电路的波形图，如图 5.7.2 所示。从波形图可以清楚地看出，每经过 5 个时钟脉冲下降沿的作用，$Q_2Q_1Q_0$ 的状态从 000 到 100 顺序递增，不断循环。因此，该电路是一个模 5 计数器。由于是用异步时序逻辑电路实现的，该电路为异步模 5 计数器。

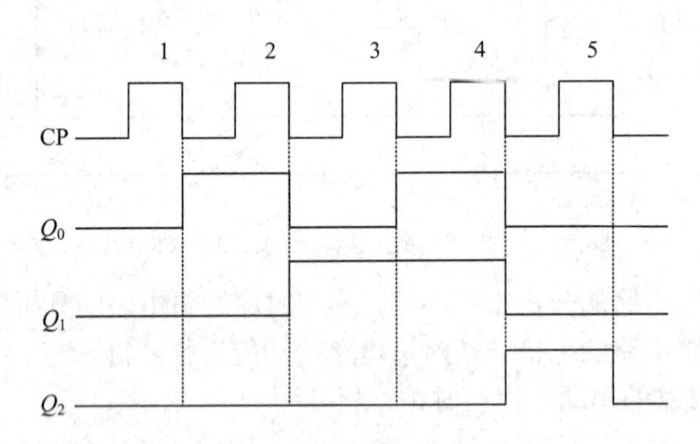

图 5.7.2　异步模 5 计数器波形图

4. 实验设备及器件

(1) 数字电路实验箱 1 台；

(2) 74LS08 芯片 1 片；

(3) 74LS112 芯片 2 片；

(4) 导线若干。

5. 实验内容及步骤

1) 用 JK 触发器组成异步模 5 计数器

(1) 将 74LS112 芯片插入实验箱对应插槽，确保引脚一一对齐。将其 16 号引脚接电源，8 号引脚接地。

(2) 接通实验箱电源。

(3) 验证每组 JK 触发器的功能是否正常。

(4) 按照图 5.7.1 连线，要求能清晰辨认出整个计数器的输入端和输出端。为了便于控制，CP 脉冲也可由手动开关输入。

(5) 测试数码显示管的功能是否正常。

(6) 将 Q_2、Q_1、Q_0 3 个端口接入数码显示管的对应输入端。注意其中的 Q_2 为三位二进制数的最高位。

2) 验证计数器的功能

(1) 在 CP 端依次输入 5 个下降沿，在每个 CP 的下降沿到来时，记录计数器 Q_2、Q_1、Q_0 3 个端口的状态，并观察数码显示管的显示情况。

(2) 判断计数器是否在 000 和 100 之间做加法计数。

(3) 对比记录的结果和图 5.7.2 的波形图。计数器应在 000 和 100 之间做加法计数，且 Q_2、Q_1、Q_0 端口的状态在 100 后又变为 000，接下来开始新的一轮计数循环。记录结果应与图 5.7.2 的波形图相同。

二、仿真实验

本实验使用 Proteus 进行仿真验证，对异步模 5 计数器电路功能进行仿真测试。

1) 创建电路

(1) 放置实验器件。

用直接查找和放置元件的方法依次放置 3 个 JK 触发器 74LS112、1 个与门芯片 74LS08、1 个 4511 译码器和 1 个七段式数码显示管 7SEG-DIGITAL。然后选择 LOGICSTATE 和 LOGICPROBE 器件，分别用于信号输入和输出。在对象栏中单击 Generator 模式，选择 DCLOCK 作为电路的 CP。

Proteus 中用 JK 触发器实现异步模 5 计数器电路所用元件清单如表 5.7.2 所示。

表 5.7.2　用 JK 触发器实现异步模 5 计数器电路的 Proteus 元件清单

元件名称	所在大类	所在子类	数量	备　注
LOGICPROBE	Debugging Tools	Logic Probe	3	逻辑电平探测器
LOGICSTATE	Debugging Tools	Logic Stimuli	6	逻辑状态输入
74LS112	TTL 74LS series	Flip-Flops & Latches	3	JK 触发器
74LS08	TTL 74LS series	Gates & Inverters	1	与门
4511	CMOS 4000 series	Decoders	1	BCD 码−七段码译码器
7SEG-DIGITAL	Optoelectronics	7-Segment Displays	1	七段式数码显示管

(2) 在原理图编辑区按图 5.7.3 连线，建立仿真实验电路。

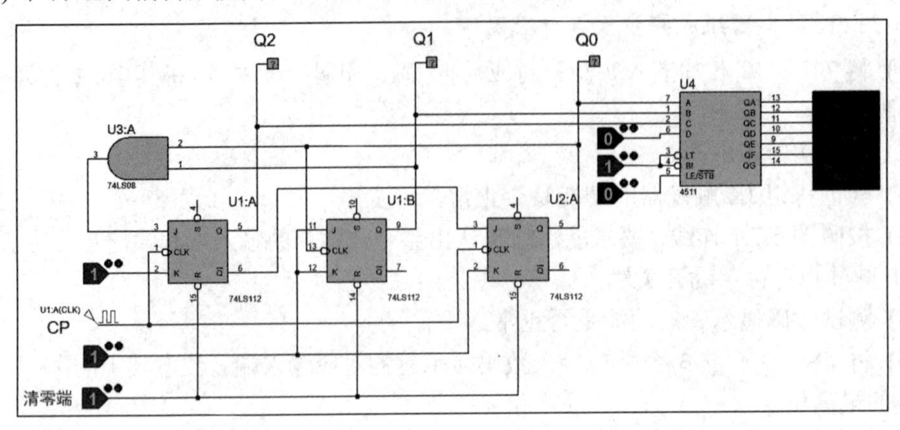

图 5.7.3　Proteus 中用 JK 触发器实现异步模 5 计数器仿真电路

2) 仿真测试

(1) 打开仿真开关。

(2) 通过清零端把 Q2、Q1、Q0 的初始状态设置为 0。观察当连续的 5 个 CP 下降沿到来时，逻辑电平探测器 LOGICPROBE(Q2、Q1、Q0)的状态，并观察数码显示管的显示情况。在图 5.7.4 中画出波形图，并画出状态转换图。结合实验过程和结果，理解和掌握用 JK 触发器实现异步模 5 计数器电路的原理。

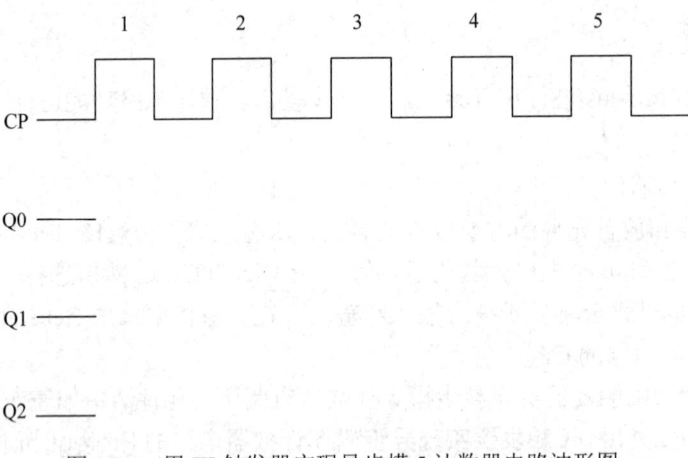

图 5.7.4　用 JK 触发器实现异步模 5 计数器电路波形图

第 6 章　NE555 与时钟源实验

555 定时器由 Hans R. Camenzind 于 1971 年为西格尼蒂克公司设计，并于 1972 年投入商业应用，从此这个产品便成为产业历史上最为成功的芯片之一。该器件被用于振荡器、脉冲发生器和其他应用，至今依然被广泛采用。不同的制造商生产的 555 芯片有不同的结构，标准的 555 芯片集成有 25 个晶体管、2 个二极管和 15 个电阻，并通过 8 个引脚引出(DIP-8 封装)。NE555 的工作温度范围为 0～70℃，军用级的 SE555 的工作温度范围为 -55～+125℃。

555 定时器内部框图及引脚排列如图 6.0.1 所示。它含有 2 个电压比较器、1 个基本 RS 触发器、1 个放电开关管 T，比较器的参考电压由 3 个 5 kΩ 的电阻构成的分压器提供。它们分别使高电平比较器 A_1 的同相输入端和低电平比较器 A_2 的反相输入端的参考电平为 $\frac{2}{3}U_{CC}$ 和 $\frac{1}{3}U_{CC}$。A_1 与 A_2 的输出端控制 RS 触发器状态和放电管开关状态。当输入信号自 6 脚，即高电平触发输入并超过参考电平 $\frac{2}{3}U_{CC}$ 时，触发器复位，555 定时器的输出端 3 脚输出低电平，同时放电开关管导通；当输入信号自 2 脚输入并低于 $\frac{1}{3}U_{CC}$ 时，触发器置位，555 定时器的 3 脚输出高电平，同时放电开关管截止。

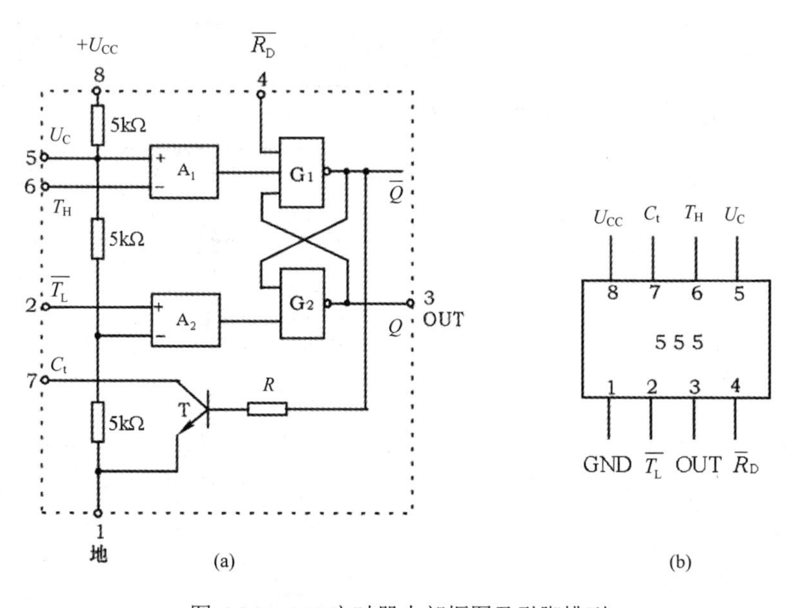

图 6.0.1　555 定时器内部框图及引脚排列

$\overline{R}_D$ 是复位端(4 脚)，当 $\overline{R}_D=0$ 时，555 定时器输出低电平。平时 $\overline{R}_D$ 端开路或接 U_{CC}。

U_C 是控制电压端(5 脚)，平时输出 $\frac{2}{3}U_{CC}$ 作为比较器 A_1 的参考电平，当 5 脚外接一个输入电压时即改变了比较器的参考电平，从而实现对输出的另一种控制；在不接外加电压时，通常接一个 0.01 μF 的电容到地，起滤波作用，以消除外来的干扰，以确保参考电平的稳定。

T 为放电管，当 T 导通时，将给接于脚 7 的电容提供低阻放电通路。

555 定时器主要是与电阻、电容构成充放电电路，并由两个比较器来检测电容上的电压，以确定输出电平的高低和放电开关管的通断。这就很方便地构成从微秒到数十分钟的延时电路，可方便地构成单稳态触发器、多谐振荡器、施密特触发器等脉冲产生或波形变换电路。DIP 封装的 555 芯片各引脚功能如表 6.0.1 所示。

表 6.0.1　DIP 封装的 555 芯片各引脚功能

引脚	名称	功　能
1	GND(地)	接地，作为低电平(0 V)
2	TRIG(触发)	当此引脚电压降至 $\frac{1}{3}U_{CC}$ 或由控制端决定的阈值电压时，输出端给出高电平
3	OUT(输出)	输出高电平($+U_{CC}$)或低电平
4	RST(复位)	当此引脚接高电平时定时器工作，当此引脚接地时芯片复位，输出低电平
5	CTRL(控制)	控制芯片的阈值电压(当此引脚接空时，默认两阈值电压为 $\frac{1}{3}U_{CC}$ 与 $\frac{2}{3}U_{CC}$)
6	THR(阈值)	当此引脚电压升至 $\frac{2}{3}U_{CC}$ (或由控制端决定的阈值电压)时输出端给出低电平
7	DIS(放电)	内接 OC 门，用于给电容放电
8	U_+，U_{CC}(供电)	提供高电平并给芯片供电

实验项目　555 时基电路及其应用硬件

一、硬件实验

1. 实验目的

(1) 了解 NE555 集成定时器的内部结构、工作原理及其特点；
(2) 掌握 NE555 集成定时器的逻辑功能与使用方法；
(3) 掌握 NE555 集成定时器的基本应用；
(4) 熟练使用 Proteus 应用软件进行 NE555 集成定时器的绘制、仿真和调试。

2. 实验预习要求

(1) 复习 555 集成定时器的工作原理；
(2) 查阅 555 集成定时器的有关应用实例；
(3) 拟定实验中所需的数据，完成实验所需要的电路，拟定相关的记录表格；
(4) 拟定实验步骤和方案；
(5) 预习 Proteus 应用软件的绘制、仿真和调试。

3. 实验设备与器件

(1) +5 V 直流电源；
(2) 双踪示波器；
(3) 连续脉冲源；
(4) 单次脉冲源；
(5) 音频信号源；
(6) 数字频率计；
(7) 逻辑电平显示器；
(8) 555 集成定时器 2 个；
(9) 二极管 1N4148 2 个；
(10) 电位器、电阻、电容若干；
(11) 导线若干。

4. 实验内容及步骤

1) 多谐振荡器

如图 6.1.1(a)所示，由 555 定时器和外接元件 R_1、R_2、C 构成多谐振荡器，引脚 2 与引脚 6 直接相连。该电路没有稳态，仅存在两个暂稳态，电路亦不需要外加触发信号，利用电源通过 R_1、R_2 向 C 充电，以及 C 通过 R_2 向放电端 C_t 放电，使电路产生振荡。电容 C 在 $\frac{1}{3}U_{CC}$ 和 $\frac{2}{3}U_{CC}$ 之间充电和放电，其波形图如图 6.1.2(b)所示。输出信号的时间参数为

$$T = t_{w1} + t_{w2}，\quad t_{w1} = 0.7(R_1 + R_2)C，\quad t_{w2} = 0.7R_2C$$

555 电路要求 R_1 与 R_2 均应大于或等于 1 kΩ，但 R_1+R_2 应小于或等于 3.3 MΩ。

外部元件的稳定性决定了多谐振荡器的稳定性，555 定时器配以少量的元件即可获得较高精度的振荡频率和具有较强的功率输出能力。因此这种形式的多谐振荡器应用很广。

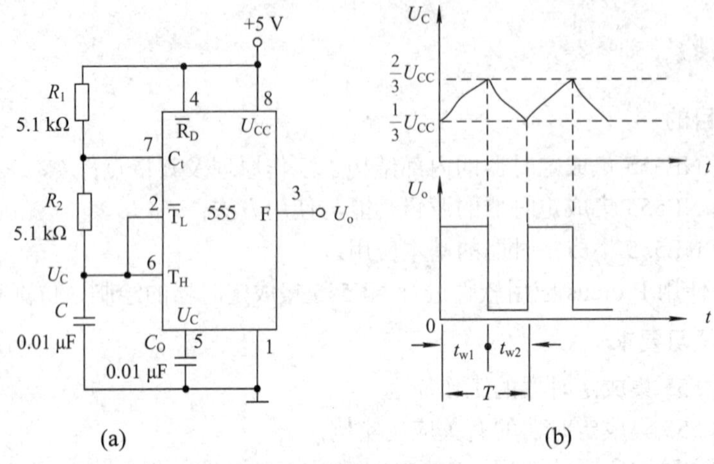

图 6.1.1　多谐振荡器

按图 6.1.1(a)所示连线，用双踪示波器的一个探头(CH1)接 555 定时器的 2、6 脚，另一个探头(CH2)接 555 定时器的 3 脚。观测充放电电容两端的波形 U_C 与输出端 U_o 的波形，比较并分析波形，测定频率、周期，并与理论值比较，将结果填入表 6.1.1 中。

表 6.1.1　多谐振荡器数据

	周期 T	高电平宽度 t_w	占空比 q
理论计算值			
实验测量值			

2) 单稳态触发器

图 6.1.2(a)所示为由 555 定时器和外接定时元件 R、C 构成的单稳态触发器。触发电路由 C_1、R_1、VD 构成，其中 VD 为钳位二极管，稳态时 555 电路输入端处于电源电平，内部放电开关管 T 导通，输出端 F 输出低电平，当有一个外部负脉冲触发信号经 C_1 加到 2 端，并使 2 端电位瞬时低于 $\frac{1}{3}U_{CC}$ 时，低电平比较器动作，单稳态电路即开始一个暂态过程，电容 C_3 开始充电，U_C 按指数规律增长。当 U_C 充电到 $\frac{2}{3}U_{CC}$ 时，高电平比较器动作，比较器 A_1 翻转，输出 U_o 从高电平返回低电平，放电开关管 T 重新导通，电容 C 上的电荷很快经放电开关管放电，暂态结束，恢复稳态，为下一个触发脉冲的到来作好准备。波形图如图 6.1.2(b)所示。

暂态的持续时间 t_W(即为延时时间)决定于外接元件 R、C 值的大小：

$$t_w = 1.1R_2C_3$$

通过改变 R_2、C_3 的大小，可使延时时间在几个微秒到几十分钟之间变化。当这种单稳态电路作为计时器时，可直接驱动小型继电器，并可以使用复位端(4 脚)接地的方法来中止暂态，重新计时。此外尚须用一个续流二极管与继电器线圈并接，以防继电器线圈反电势损坏内部功率管。

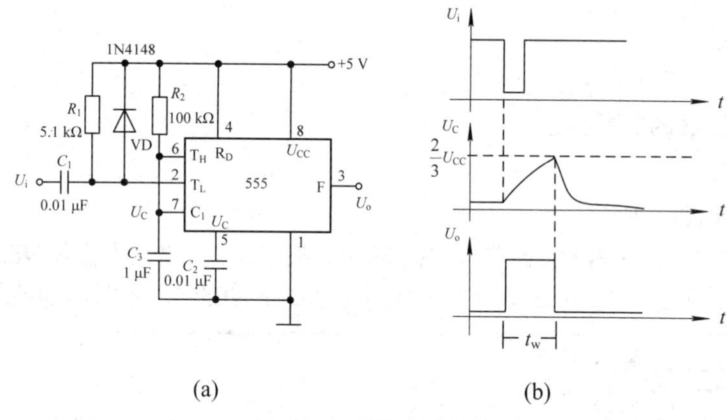

图 6.1.2　单稳态触发器

按图 6.1.2(a)所示连线，输入信号 U_i 由单次脉冲源提供，用示波器的一个探头(CH1)接 555 定时器的 U_i，另一个探头(CH2)接 555 定时器的 3 脚。用示波器观测输入信号 U_i、充放电电容两端的 U_c、输出端 U_o。测定幅度与暂稳时间，并从波形测量脉冲参数 t_w。比较并分析波形，与理论值比较，将结果填入表 6.1.2 中。

表 6.1.2　单稳态触发器数据

元件名称		测量值	理论值
R	C_3	t_w	t_w
100 kΩ	1 μF		

3) 模拟救护车变音警笛电路

用 NE555 集成定时器设计一个可以模拟救护车音响的报警电路。按图 6.1.3 接线，组成两个自激多谐振荡器，其中，Ⅰ输出的方波信号通过 10 kΩ 电阻控制Ⅱ的 5 脚电平。当Ⅰ输出高电平时，由Ⅱ组成的多谐振荡器电路输出频率较低的一种音频；当Ⅰ输出低电平时，由Ⅱ组成的多谐振荡器电路输出频率较高的另一种音频。因此，Ⅱ的振荡频率被Ⅰ的输出电压调整成两种音频频率。调节定时元件，使输出频率较低，Ⅱ输出较高频率，连好线，接通电源，试听音响效果。调换外接阻容元件，再试听音响效果，并用双踪示波器观察两个输出信号波形。

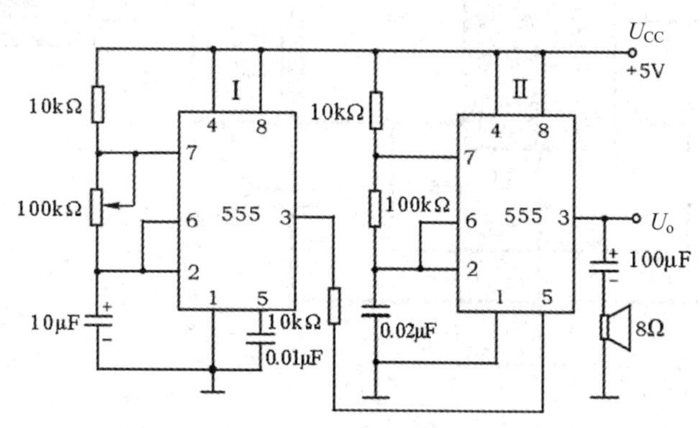

图 6.1.3　模拟救护车变音警笛电路

二、仿真实验

1. 多谐振荡器的仿真实验

1) 创建电路

(1) 放置定时器 NE555。

在对象栏中单击器件模式按钮 ，然后单击 P 按钮。在关键词中输入 NE555，选择所在大类 Analog Ics、所在子类 Timers，再选择集成时基电路 NE555，如图 6.1.4 所示。

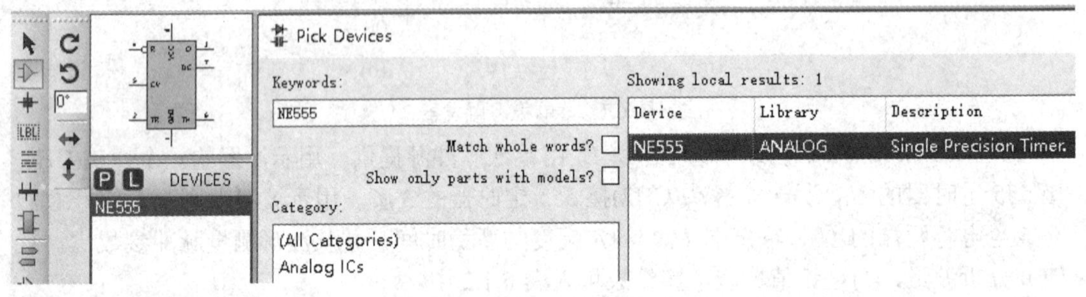

图 6.1.4　选择 NE555

在结果列表框中寻找符合要求的 555 并双击，在 Proteus 主界面的元件列表中就会出现刚才选择的器件。这时单击元件名称 NE555，将 NE555 调出并放置在原理图编辑区。

(2) 按表 6.1.3 放置其他元件，在虚拟仪表 中调出虚拟示波器。

(3) 在原理图编辑区按图 6.1.5 连线，建立仿真实验电路。

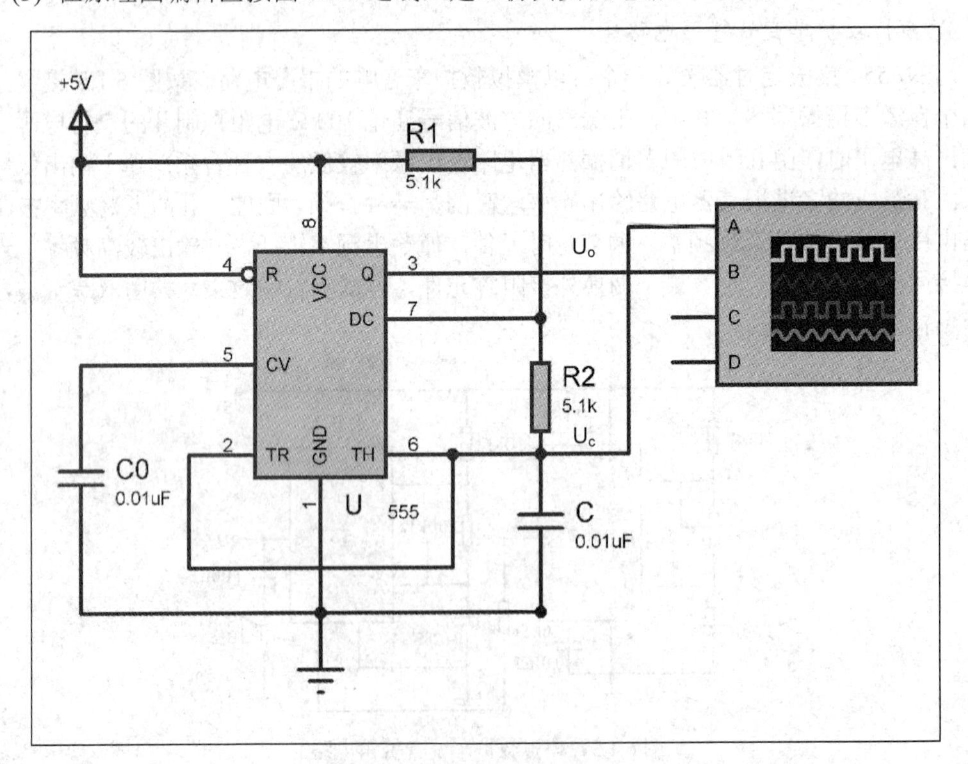

图 6.1.5　Proteus 中 NE555 集成定时器构成的多谐振荡器仿真电路

Proteus 中 NE555 多谐振荡器所用元件清单如表 6.2.1 所示。

表 6.1.3　图 6.1.5 中 NE555 集成定时器所用的 Proteus 元件清单

元件名称	所在大类	所在子类	数量	备注
NE555	Analog Ics	Timers	1	集成时基电路
CAP	Capactitors	Generic	2	电容器
RES	Resistors	Generic	2	电阻器

2) 仿真测试

(1) 打开仿真开关。

(2) 用示波器的一个探头(CH1)接 555 的 2、6 脚，另一个探头(CH2)接 555 的 3 脚。观测屏幕上电容两端充放电波形 U_C，输出信号波形 U_o。比较并分析波形，由波形图测定频率、周期，如图 6.1.6 所示，并将结果填入表 6.1.4 中，从而理解和掌握用 555 集成定时器构成多谐振荡器的设计方法。

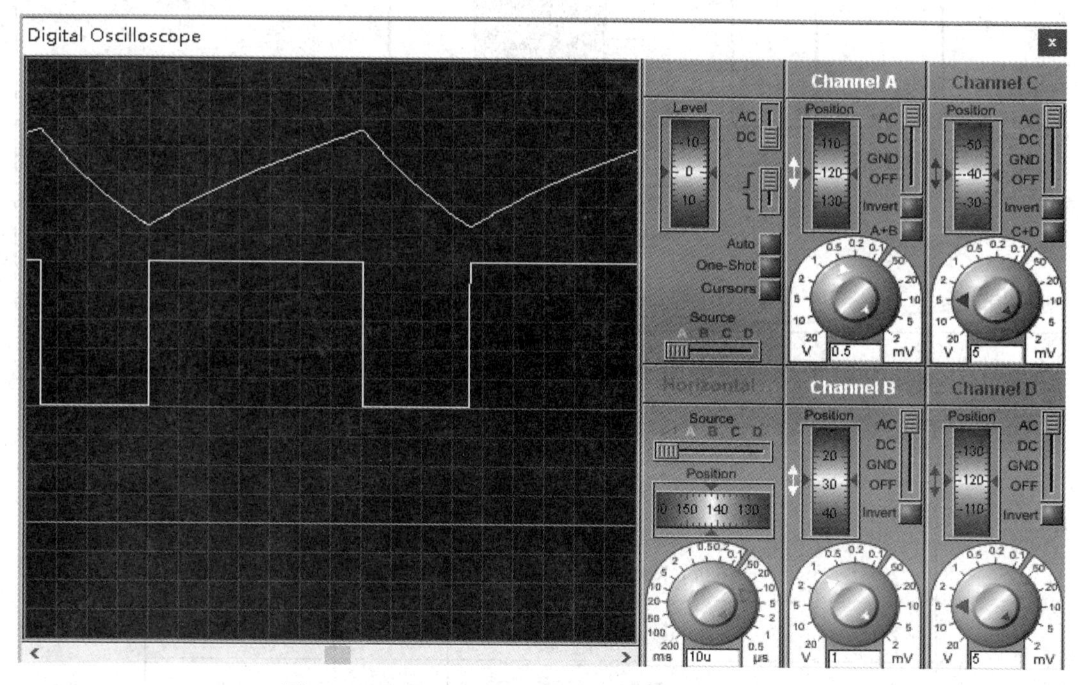

图 6.1.6　NE555 多谐振荡器比较器输出仿真波形图

表 6.1.4　多谐振荡器仿真数据

	周期 T	高电平宽度 t_w	占空比 q
理论计算值			
实验测量值			

2. 单稳态触发器的仿真实验

1) 创建电路

(1) 按表 6.1.5 放置元件，在虚拟仪表中调出虚拟示波器。

(2) 其中信号源从编辑界面左侧模式工具栏的 Generator Mode 中调出，选 DPATTERN (800 ms：40 ms)脉冲模拟触发信号。

(3) 在原理图编辑区按图 6.1.7 连线，建立仿真实验电路。

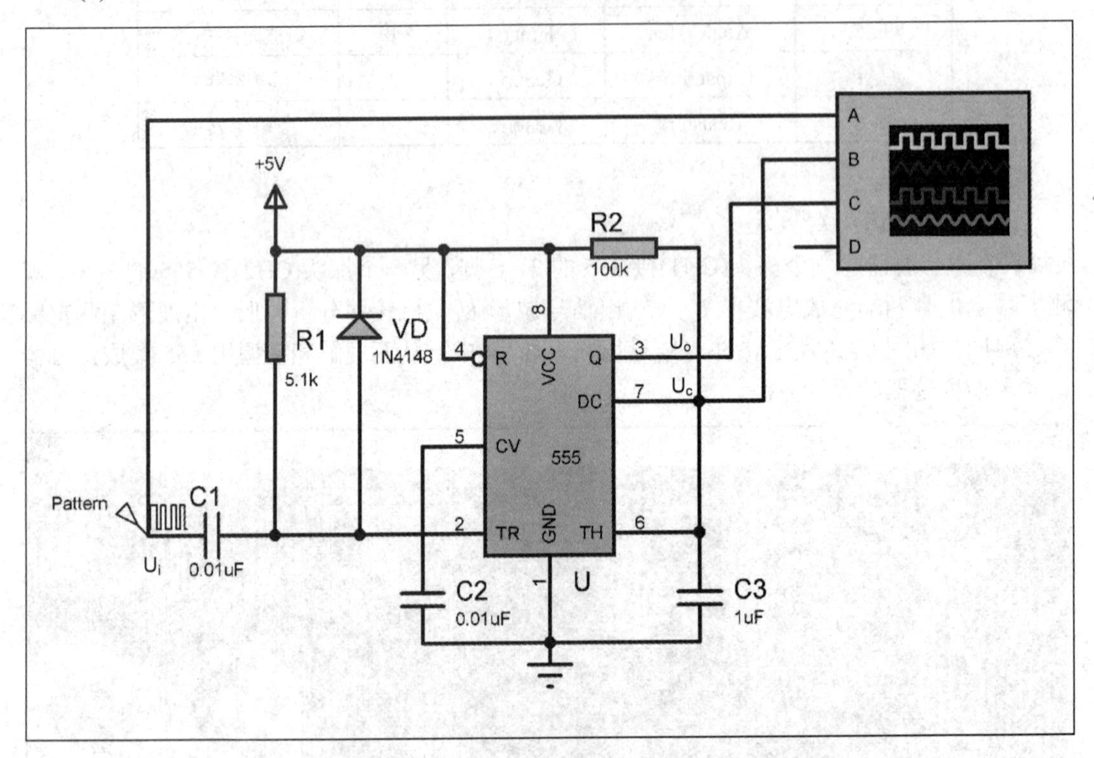

图 6.1.7　Proteus 中 NE555 集成定时器构成的单稳态触发器仿真电路

Proteus 中 NE555 单稳态触发器所用元件清单如表 6.1.5 所示。

表 6.1.5　图 6.1.7 中用到的 Proteus 元件清单

元件名称	所在大类	所在子类	数量	备注
NE555	Analog Ics	Timers	1	集成时基电路
CAP	Capactitors	Generic	3	电容器
RES	Resistors	Generic	2	电阻器
DIODE	Diodes	Generic	1	二极管

2) 仿真测试

(1) 打开仿真开关。

(2) 用示波器的一个探头(CH1)接 555 的 2、6 脚，另一个探头(CH2)接 555 的 3 脚。观测输入信号 U_i、充放电电容两端的 U_C、输出端 U_o；测定幅度与暂稳时间；从波形测量脉冲参数 t_{w1}、t_{w2}；比较并分析波形，与理论值比较，如图 6.1.8 所示。将结果填入表 6.1.6 中，从而理解和掌握用 555 集成定时器构成单稳态触发器的设计方法。

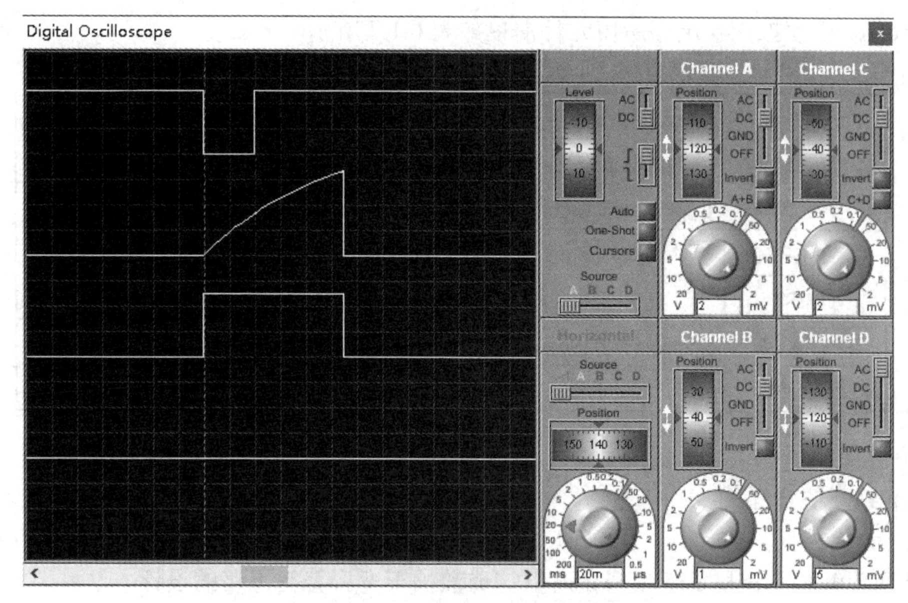

图 6.1.8　NE555 构成的单稳态触发器输出仿真波形图

表 6.1.6　单稳态触发器数据

元件名称		测量值	理论值
R2	C3	t_w	t_w
100 kΩ	1 μF		

3. 救护车变音警笛电路的仿真实验

1) 创建电路

(1) 按表 6.1.7 放置元件。

(2) 在原理图编辑区按图 6.1.9 连线，建立仿真实验电路。

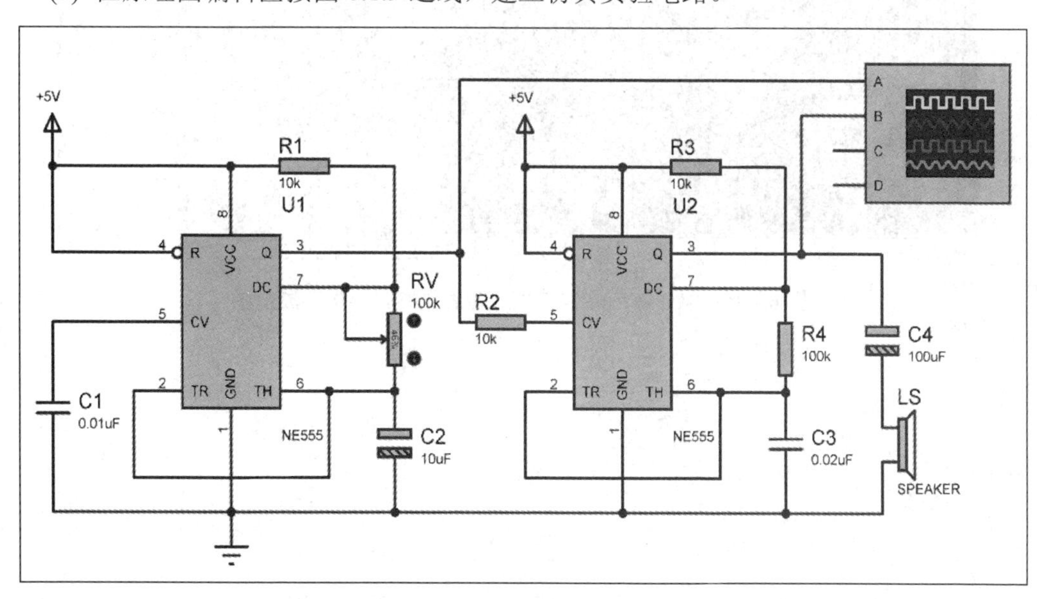

图 6.1.9　Proteus 中 NE555 集成定时器构成的救护车变音警笛电路仿真电路

Proteus 中模拟声响电路所用元件清单如表 6.1.7 所示。

表 6.1.7　图 6.2.6 中所用的 Proteus 元件清单

元件名称	所在大类	所在子类	数量	备　注
NE555	Analog Ics	Timers	2	集成时基电路
CAP	Capactitors	Generic	2	电容器
CAP-ELEC	Capactitors	Generic	2	电容器
RES	Resistors	Generic	5	电阻器
SPEAKER	Speakers & Sounders	—	1	喇叭
POT-HG	Resistors	Variable	1	可变电阻器

2) 仿真测试

(1) 打开仿真开关。

(2) 调换外接阻容元件，可以调节音效效果。观察两个输出端的波形，如图 6.1.10 所示，从而理解和掌握用 555 集成定时器构成救护车变音警笛电路的设计方法。

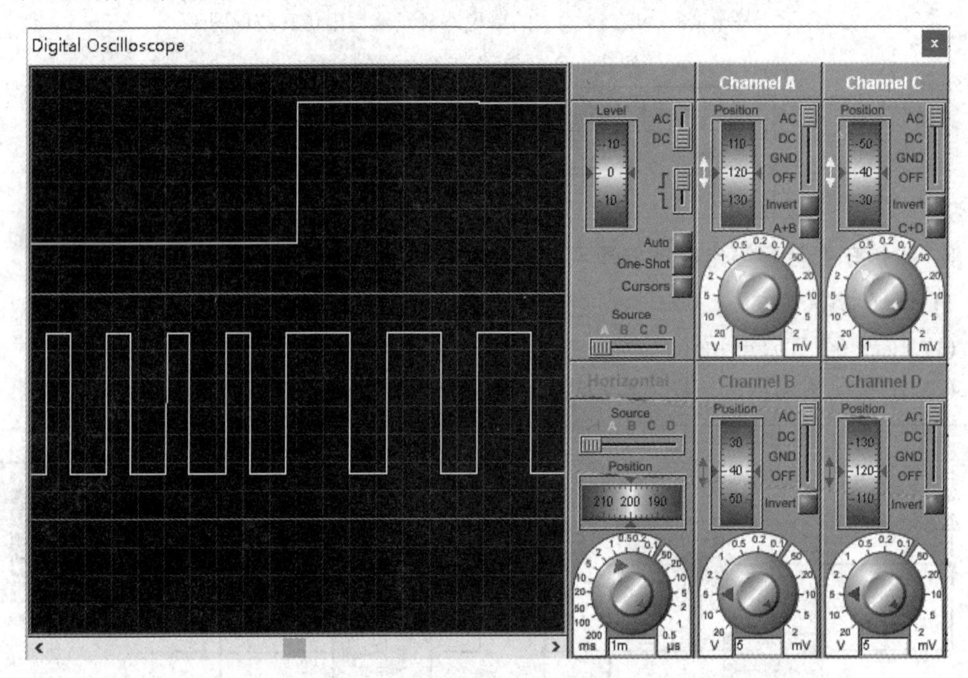

图 6.1.10　救护车变音警笛电路仿真电路输出仿真波形图

第 7 章 D/A 与 A/D 转换实验

在数字电子技术的很多应用场合，往往需要把模拟量转换为数字量，完成这种转换的电路称为模/数转换器(A/D 转换器，简称 ADC)；同时，有些场合又需要把数字量转换成模拟量，完成这种转换的电路称为数/模转换器(D/A 转换器，简称 DAC)。单片大规模集成 A/D 转换器和 D/A 转换器的问世，为实现上述转换提供了极大的方便。使用者只要借助手册提供的器件性能指标及其典型应用电路实例，即可正确使用这些器件。本实验分别采用大规模集成电路 DAC0832 和 ADC0808 实现 D/A 转换和 A/D 转换。

实验项目 1　D/A 转换器 DAC0832

一、硬件实验

1. 实验目的

(1) 了解 D/A 转换器的基本工作原理和基本结构；

(2) 掌握大规模集成 D/A 转换器的功能及其典型应用。

2. 实验预习要求

(1) 复习 D/A 转换的工作原理；

(2) 熟悉 DAC0832 各引脚功能和使用方法；

(3) 绘好完整的实验线路图和所需的实验记录表格；

(4) 拟定实验步骤和方案；

(5) 预习 Proteus 应用软件的绘制、仿真和调试。

3. 实验原理

DAC0832 是采用 CMOS 工艺制成的单片电流输出型 8 位数/模转换器。图 7.1.1 是 DAC0832 的逻辑框图和引脚排列。

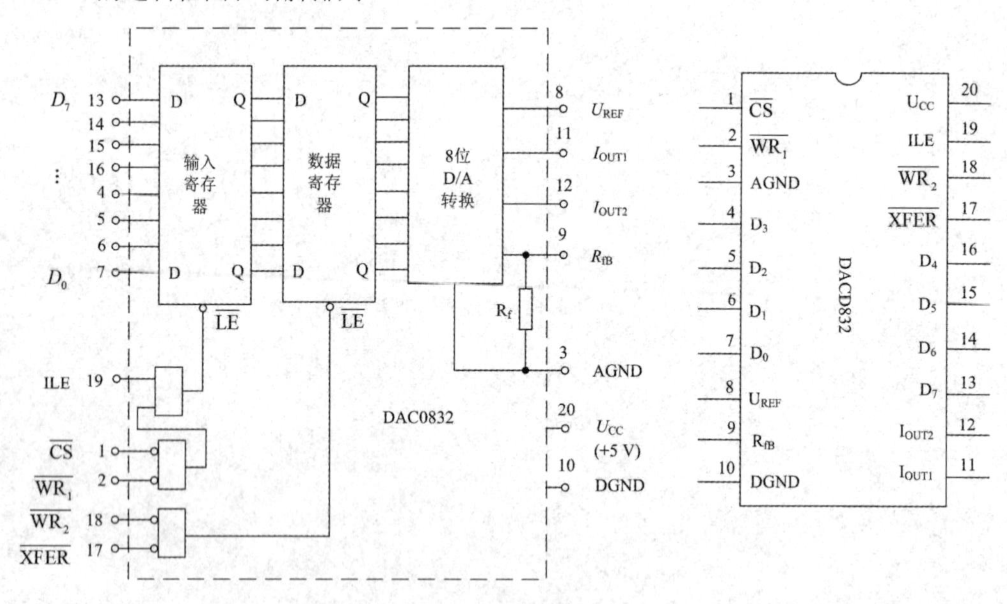

图 7.1.1　DAC0832 单片 D/A 转换器逻辑框图和引脚排列

器件的核心部分采用倒 T 形电阻网络的 8 位 D/A 转换器，如图 7.1.2 所示。它是由倒 T 形 R−$2R$ 电阻网络、模拟开关、运算放大器和参考电压 U_{REF} 4 部分组成的。

运算放大器的输出电压为

$$U_o = \frac{U_{REF} \cdot R_f}{2^n R}(D_{n-1} \cdot 2^{n-1} + D_{n-2} \cdot 2^{n-2} + \cdots + D_0 \cdot 2^0)$$

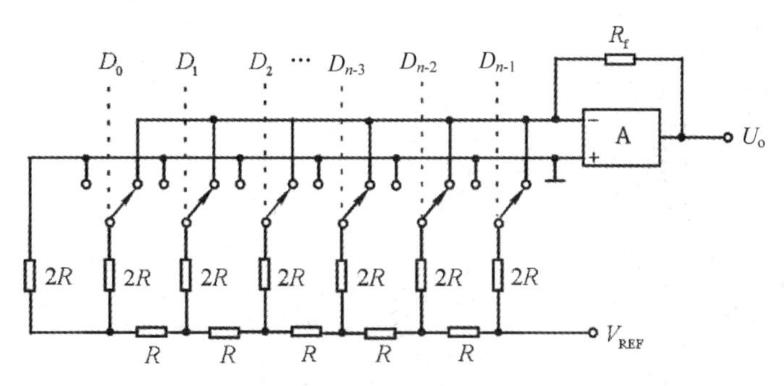

图 7.1.2　倒 T 形电阻网络 D/A 转换电路

由上式可见，输出电压 U_o 与输入的数字量成正比，这就实现了从数字量到模拟量的转换。

一个 8 位的 D/A 转换器有 8 个数字输入端和 1 个模拟输出端。每个输入端是 8 位二进制数的一位，因此输入可有 $2^8 = 256$ 个不同的二进制组态；输出端的输出为 256 个电压之一，即输出电压不是整个电压范围内任意值，而只能是 256 个可能值。

DAC0832 的引脚功能定义如表 7.1.1 所示。

表 7.1.1　DAC0832 的引脚功能定义

引脚名	功 能 描 述
$D_0 \sim D_7$	数字信号输入端
ILE	输入寄存器允许，高电平有效
$\overline{\text{CS}}$	片选信号，低电平有效
$\overline{\text{WR}_1}$	写信号 1，低电平有效
$\overline{\text{WR}_2}$	写信号 2，低电平有效
$\overline{\text{XFER}}$	传送控制信号，低电平有效
I_{OUT1}	DAC 电流输出端 1，外接运放的反相端
I_{OUT2}	DAC 电流输出端 2，外接运放的同相端
R_{fB}	反馈电阻，是集成在片内的外接运放的反馈电阻
U_{REF}	基准电压，−10～+10 V
U_{CC}	电源电压，+5～+15 V
AGND	模拟地
DGND	数字地(可和模拟地接在一起使用)

DAC0832 输出的是电流，要转换为电压，还必须经过一个外接的运算放大器，实验电路如图 7.1.3 所示。

4. 实验设备及器件

(1) +5 V、±15 V 直流电源；

(2) 双踪示波器；

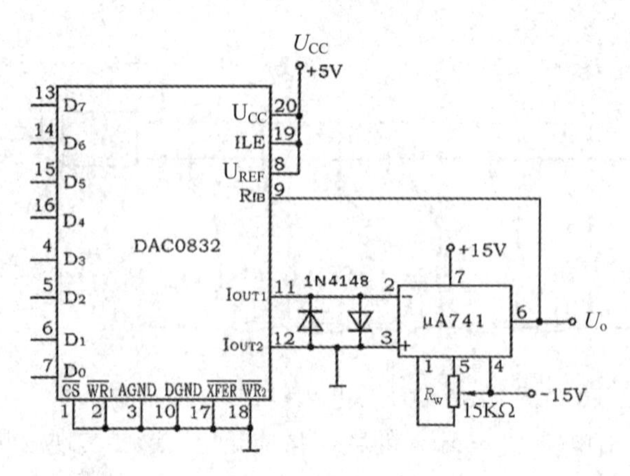

图 7.1.3　D/A 转换器 DAC0832 实验电路

(3) 计数脉冲源；

(4) 逻辑电平开关；

(5) 逻辑电平显示器；

(6) 直流数字电压表；

(7) DAC0832、μA741、电位器、电阻、电容若干。

5. 实验内容及步骤

(1) 按图 7.1.3 连线，电路接成直通方式，即 $\overline{CS}$、$\overline{WR_1}$、$\overline{WR_2}$、$\overline{XFER}$ 接地，ILE、U_{CC}、U_{REF} 接 +5 V 电源，运放电源接 ±15 V，D_0～D_7 接逻辑开关的输出插口，输出端 U_o 接直流数字电压表。

(2) 调零，令 D_0～D_7 全置零，调节运放的电位器，使 μA741 输出为零。

(3) 按表 7.1.2 所列的值输入数字信号，用数字电压表测量运放的输出电压 U_o，将测量结果填入表中，并与理论值进行比较。

表 7.1.2　D/A 转换器 DAC0832 数据

输入数字量								输出模拟量 U_o
D_7	D_6	D_5	D_4	D_3	D_2	D_1	D_0	U_{CC} = +5 V
0	0	0	0	0	0	0	0	
0	0	0	0	0	0	0	1	
0	0	0	0	0	0	1	0	
0	0	0	0	0	1	0	0	
0	0	0	0	1	0	0	0	
0	0	0	1	0	0	0	0	
0	0	1	0	0	0	0	0	
0	1	0	0	0	0	0	0	
1	0	0	0	0	0	0	0	
1	1	1	1	1	1	1	1	

二、仿真实验

1) 创建电路

(1) 放置 D/A 转换器 DAC0832。

在对象栏中单击器件模式按钮，然后单击 P 按钮。在关键词中输入 DAC0832，选择所在大类 Data Converters、所在子类 Data Converters，再选择 D/A 转换器 DAC0832，如图 7.1.4 所示。

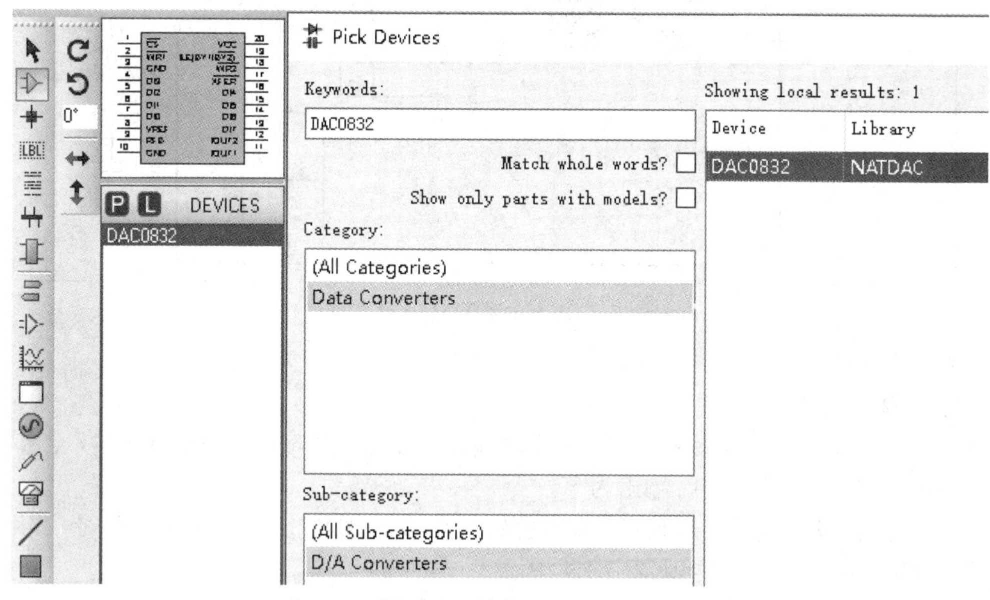

图 7.1.4　选择 DAC0832

在结果列表框中寻找符合要求的 D/A 转换器 DAC0832 并双击，在 Proteus 主界面的元件列表中就会出现刚才选择的器件。这时单击元件名称 DAC0832，将 DAC0832 调出并放置在原理图编辑区。

D/A 转换器 DAC0832 仿真实验中所用 Proteus 元件清单如表 7.1.3 所示。

表 7.1.3　图 7.1.5 中所用的 Proteus 元件清单

元件名称	所在大类	所在子类	数量	备　注
DAC0832	Data Converters	D/A Converters	1	集成电路
LOGICSTATE	Debugging Tools	Logic Stimuli	8	逻辑状态输入
POT-HG	Resistors	Variable	1	可变电阻器
UA741	Operational Amplifiers	Single	1	运算放大器
DIODE	Diodes	Generic	2	二极管

(2) 按表 7.1.3 放置其他元件，在虚拟仪表中调出虚拟直流电压表。

(3) 在原理图编辑区按图 7.1.5 连线，建立仿真实验电路。

(4) 给模拟运算放大器 μA741 输入直流电压，并连接直流电压表进行测量。

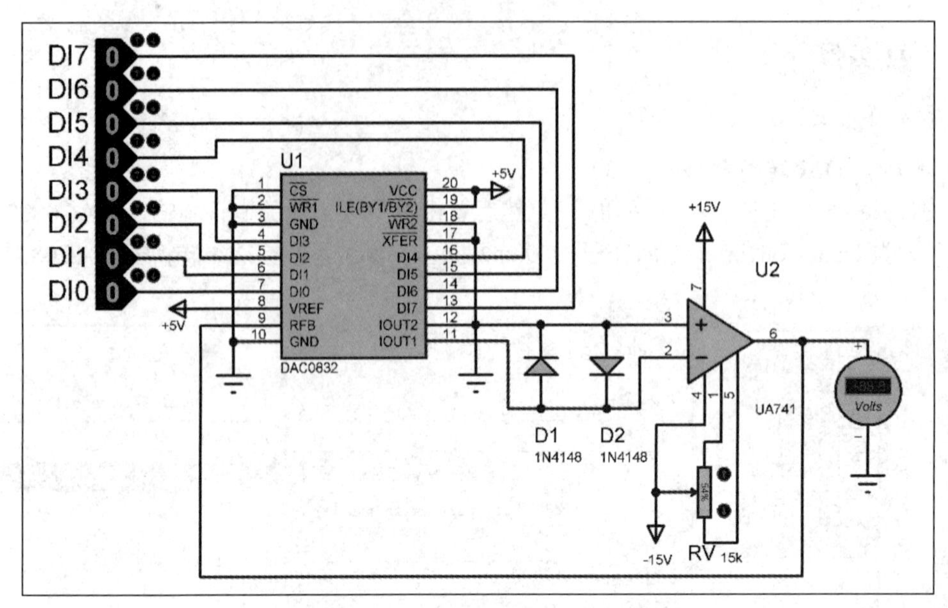

图 7.1.5　Proteus 中 D/A 转换器 DAC0832 构成的仿真电路

2) 仿真测试

(1) 打开仿真开关。

(2) 调零，在数据输入端(D10～D17)手动输入 8 个逻辑状态值，使 D10～D17 全置零，调节运放的电位器，使 μA741 输出为零。

(3) 按表 7.1.4 所列的输入数字量在数据输入端(D10～D17)手动输入数字信号，并用直流电压表测量结果，将结果填入表 7.1.4 中。

表 7.1.4　D/A 转换器 DAC0832 仿真数据

输入数字量								输出模拟量 U2
D17	D16	D15	D14	D13	D12	D11	D10	VCC = +5 V
0	0	0	0	0	0	0	0	
0	0	0	0	0	0	0	1	
0	0	0	0	0	0	1	0	
0	0	0	0	0	1	0	0	
0	0	0	0	1	0	0	0	
0	0	0	1	0	0	0	0	
0	0	1	0	0	0	0	0	
0	1	0	0	0	0	0	0	
1	0	0	0	0	0	0	0	
1	1	1	1	1	1	1	1	

实验项目 2　A/D 转换器 ADC0808

一、硬件实验

1. 实验目的

(1) 了解 A/D 转换器的基本工作原理和基本结构；

(2) 掌握大规模集成 A/D 转换器的功能及其典型应用。

2. 实验预习要求

(1) 复习 A/D 转换的工作原理；

(2) 熟悉 ADC0808 各引脚功能和使用方法；

(3) 绘好完整的实验线路图和所需的实验记录表格；

(4) 拟定实验步骤和方案；

(5) 预习 Proteus 应用软件的绘制、仿真和调试。

3. 实验原理

ADC0808 是含 8 位 A/D 转换器的电路模块，其逻辑框图及引脚排列如图 7.2.1 所示。ADC0808 模块的引脚功能定义见表 7.2.1。ADC0808 的精度为 1/2 LSB。在 A/D 转换器内部有一个高阻抗斩波稳定比较器、一个带模拟开关树组的 256 电阻分压器，以及一个逐次逼近型寄存器。8 路模拟开关的通断由地址锁存器和译码器控制，可以在 8 个通道中任意访问一个单边的模拟信号。

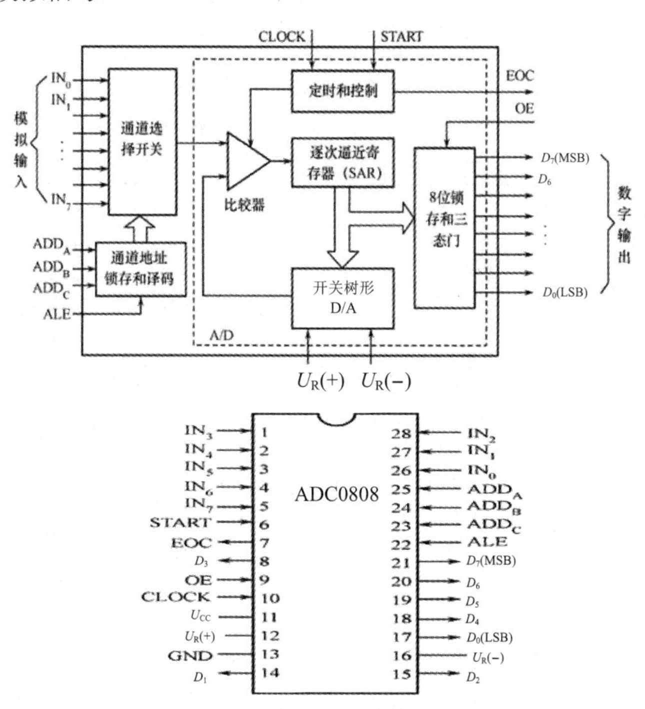

图 7.2.1　ADC0808 转换器逻辑框图及引脚排列

表 7.2.1　ADC0808 的引脚功能定义

引脚名	功 能 描 述
IN_0～IN_7	8 路模拟输入，通过 3 根地址译码线 ADD_A、ADD_B、ADD_C 来选通一路
D_7～D_0	A/D 转换后的数据输出端，为三态可控输出，故可直接和微处理器数据线连接。8 位排列顺序中，D_7 为最高位，D_0 为最低位
ADD_A ADD_B ADD_C	模拟通道选择地址信号，ADD_A 为低位，ADD_C 为高位。地址信号与选中通道有对应关系
$U_R(+)$ $U_R(-)$	正、负参考电压输入端，用于提供片内 DAC 电阻网络的基准电压。在单极性输入时，$U_R(+) = 5$ V，$U_R(-) = 0$ V；双极性输入时，$U_R(+)$、$U_R(-)$分别接正、负极性的参考电压
ALE	地址锁存允许信号，高电平有效。当此信号有效时，A、B、C 三位地址信号被锁存，译码选通对应模拟通道。在使用时，该信号常和 START 信号连在一起，以便同时锁存通道地址和启动 A/D 转换
START	A/D 转换启动信号，正脉冲有效。加于该端的脉冲的上升沿使逐次逼近型寄存器清零，下降沿开始 A/D 转换。如正在进行转换时又接到新的启动脉冲，则原来的转换进程被中止，重新从头开始转换
EOC	转换结束信号，高电平有效。该信号在 A/D 转换过程中为低电平，其余时间为高电平。该信号可作为被 CPU 查询的状态信号，也可作为对 CPU 的中断请求信号。在需要对某个模拟量不断采样、转换的情况下，EOC 也可作为启动信号反馈接到 START 端，但在刚加电时需由外电路第一次启动
OE	输出允许信号，高电平有效。当微处理器送出该信号时，ADC0808/0809 的输出三态门被打开，转换结果通过数据总线被读走。在中断工作方式下，该信号往往是 CPU 发出的中断请求响应信号

4. 实验设备及器件

(1) +5 V、±15 V 直流电源；

(2) 双踪示波器；

(3) 计数脉冲源；

(4) 逻辑电平开关；

(5) 逻辑电平显示器；

(6) 直流数字电压表；

(7) ADC0808、电位器、电阻、电容若干；

(8) 导线若干。

5. 实验内容

1) 模拟量输入通道选择

8 路模拟开关由 ADD_C、ADD_B、ADD_A 三地址输入端选通 8 路模拟信号中的任何一路进行 A/D 转换，地址信号与模拟输入通道的选通关系如表 7.2.2 所示。

表 7.2.2　地址信号与通道的关系

地址			通道
ADD_C	ADD_B	ADD_A	
0	0	0	IN_0
0	0	1	IN_1
0	1	0	IN_2
0	1	1	IN_3
1	0	0	IN_4
1	0	1	IN_5
1	1	0	IN_6
1	1	1	IN_7

2) A/D 转换过程

在启动端(START 端)加启动脉冲(正脉冲)，A/D 转换即开始。如将启动端与转换结束端(EOC 端)直接相连，转换将是连续的。若使用这种转换方式，开始时应在外部加启动脉冲。

参照图 7.2.2 接好电路。8 路输入模拟信号为 1～4.5 V，由 +5 V 电源经电阻 R 分压组成；变换结果 D_0～D_7 接逻辑电平显示器输入插口，CP 时钟脉冲由计数脉冲源提供，取 f= 100 kHz；ADD_C～ADD_A 地址端接逻辑电平输出插口。

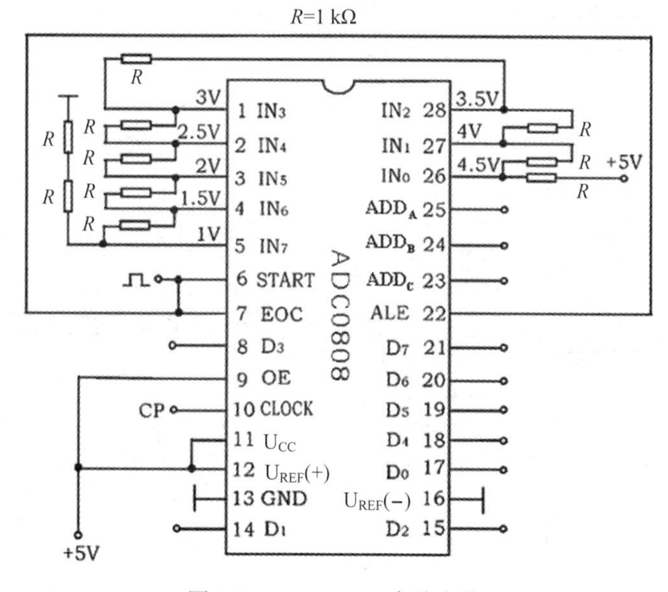

图 7.2.2　ADC0808 实验电路

接通电源后，在启动端加一正单次脉冲，下降沿一到即开始 A/D 转换。

按表 7.2.3 的要求观察，记录 IN_0～IN_7 8 路模拟信号的转换结果，并将转换结果换算成十进制数表示的电压值，与数字电压表实测的各路输入电压值进行比较，分析误差原因。

表 7.2.3　8 路模拟信号的转换

被选模拟通道	输入模拟量	地址			输出数字量								
IN	U_i	ADD_C	ADD_B	ADD_A	D_7	D_6	D_5	D_4	D_3	D_2	D_1	D_0	十进制
IN_0	4.5	0	0	0									
IN_1	4.0	0	0	1									
IN_2	3.5	0	1	0									
IN_3	3.0	0	1	1									
IN_4	2.5	1	0	0									
IN_5	2.0	1	0	1									
IN_6	1.5	1	1	0									
IN_7	1.0	1	1	1									

二、仿真实验

1) 创建电路

(1) 放置 A/D 转换器 ADC0808。

在对象栏中单击器件模式按钮 ，然后单击 P 按钮。在关键词中输入 ADC0808，选择所在大类 Data Converters、所在子类 Data Converters，再选择 A/D 转换器 ADC0808，如图 7.2.3 所示。

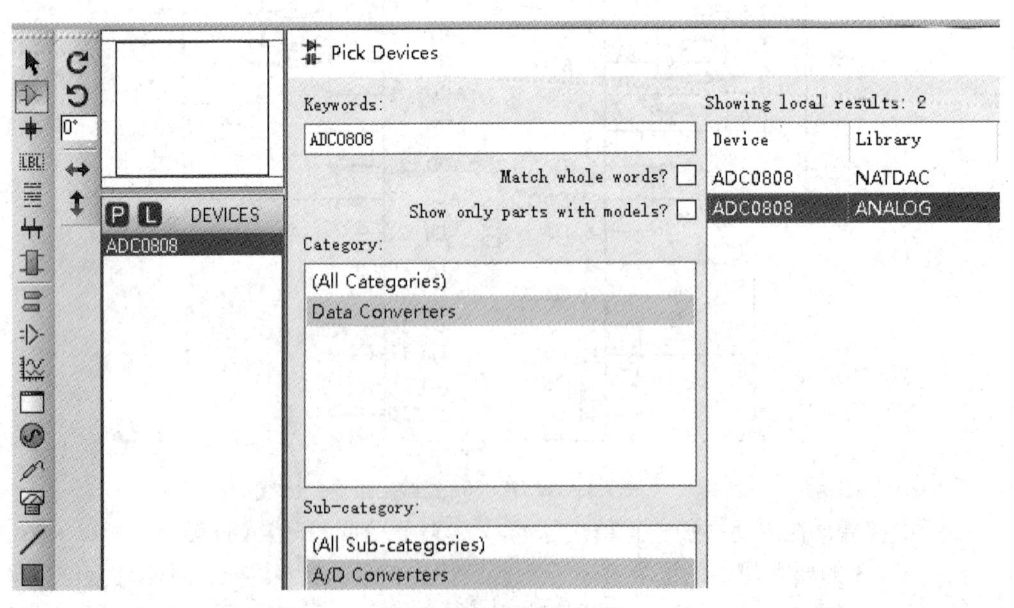

图 7.2.3　选择 ADC0808

在结果列表框中寻找符合要求的 ADC0808 并双击，在 Proteus 主界面的元件列表中就会出现刚才选择的器件。这时单击元件名称 ADC0808，将 ADC0808 调出放置在原理图编辑区。

A/D 转换器 ADC0808 仿真实验中所用 Proteus 元件清单如表 7.2.4 所示。

表 7.2.4　图 7.2.4 中所用的 Proteus 元件清单

元件名称	所在大类	所在子类	数量	备　注
ADC0808	Data Converters	A/D Converters	1	集成电路
LOGICPROBE	Debugging Tools	Logic Probe	8	逻辑电平探测器
LOGICSTATE	Debugging Tools	Logic Stimuli	2	逻辑电平输入
POT-HG	Resistors	Variable	1	可变电阻器

(2) 按表 7.2.4 放置其他元件，在虚拟仪表中调出虚拟直流电压表。

(3) 在原理图编辑区按图 7.2.4 连线，建立仿真实验电路。

(4) 把模拟通道 IN0 接 0～5 V 的可调输入直流电压，并接直流电压表进行测量。通道地址 ADD C、ADD B、ADD A 选择设为 000，与所接的模拟量通道保持对应。ALE 端接高电平。

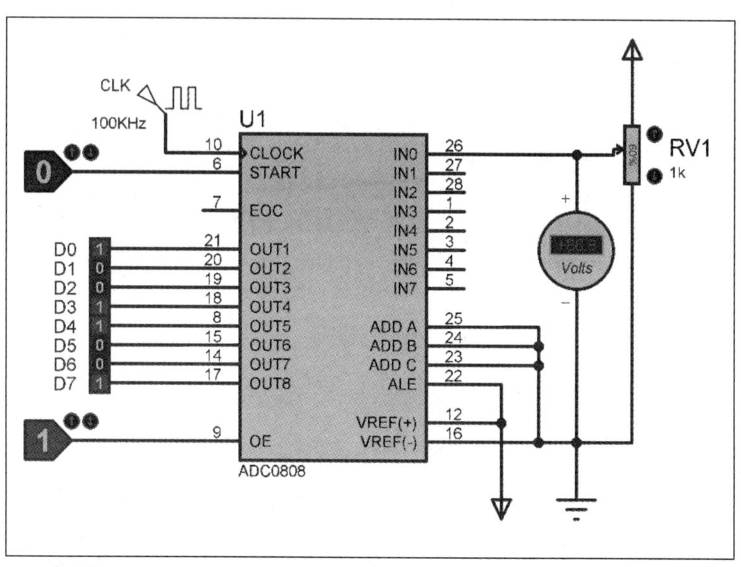

图 7.2.4　Proteus 中 A/D 转换器 ADC0808 构成的仿真电路

2) 仿真测试

(1) 打开仿真开关。

(2) 在启动端手动产生一个启动脉冲(正脉冲)，A/D 转换即开始。然后手动给数据锁存信号 OE 输出允许信号，高电平有效。ADC0808 的输出三态门被打开，转换结果通过数据总线被读走，8 位二进制数据出现在 D0(最低位)～D7(最高位)输出端。改变可变电阻器 RV1 的输入阻值，可以得到不同的输入模拟量 U_i，观察对应的输出数字量变化，将结果填入表 7.2.5 中。

表 7.2.5　A/D 转换器 ADC0808 仿真数据

被选模拟通道	输入模拟量	地址			输出数字量								
IN	U_i	ADD C	ADD B	ADD A	D7	D6	D5	D4	D3	D2	D1	D0	十进制
IN0	4.5	0	0	0									
IN1	4.0	0	0	0									
IN2	3.5	0	0	0									
IN3	3.0	0	0	0									
IN4	2.5	0	0	0									
IN5	2.0	0	0	0									
IN6	1.5	0	0	0									
IN7	1.0	0	0	0									

(3) 图 7.2.4 以一组通道地址 ADD C=0、ADD B=0、ADD A=0 为例，通过改变可变电阻值来实现不同输入。还可以通过改变电路连接，把通道地址 ADD C、ADD B、ADD A 改成其他地址来达到改变对应通道的输入模拟量值的目的。启动模/数转换器，观察数据转换过程和结果。

第 8 章 计数器电路实验

计数器在日常生活中随处可见，例如时钟、比赛计分设备等。计数器需要在一定的时钟脉冲的触发下，按照制定的规则进行计数。根据触发器翻转是否与时钟脉冲 CP 保持同步，计数器分为同步计数器和异步计数器。按照计数的进制，计数器分为二进制计数器和非二进制计数器。按照计数数字增长的趋势，计数器可分为加法计数器、减法计数器和可逆计数器。本章的学习目标是掌握计数器的基本原理，并能分析和设计常用的计数器。本章内容涉及的计数器有 74LS161、74LS163、74LS192 和 74LS193，要求验证它们的基本功能，并能利用它们设计计数器。

实验项目 1　74LS161 功能验证及拓展

一、硬件实验

1. 实验目的

(1) 验证集成同步二进制计数器 74LS161 的功能；

(2) 掌握用 74LS161 实现任意进制计数的方法。

2. 实验预习要求

(1) 复习计数器的工作原理；

(2) 复习用 74LS161 构成任意进制计数器的方法。

3. 实验原理

74LS161 和 74LS163 都为常用的集成同步二进制加法计数器芯片。74LS161 的逻辑符号如图 8.1.1 所示。其中 D_0、D_1、D_2、D_3 为计数器的置数输入端，Q_0、Q_1、Q_2、Q_3 4 个端口为计数器的输出端。$\overline{R}$ 端为清零端，低电平有效。$\overline{\mathrm{LD}}$ 为置数端，低电平有效。$\mathrm{CT_P}$ 和 $\mathrm{CT_T}$ 为使能控制端。CP 为计数脉冲输入端。CO 为进位输出端，高电平有效。

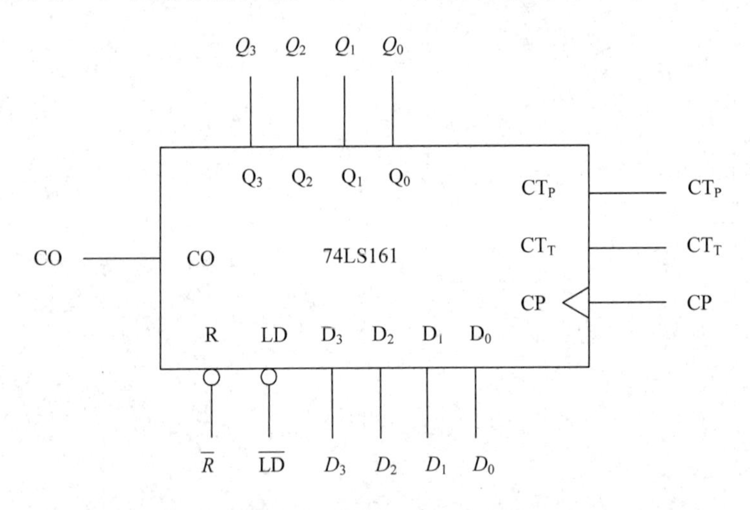

图 8.1.1　74LS161 的逻辑符号

74LS161 的功能表如表 8.1.1 所示。它有 4 种功能：异步清零、同步置数、数据保持和加法计数。当 $\overline{R}$ 端为低电平时，计数器的 Q_0、Q_1、Q_2、Q_3 4 个端口的状态都会清零。由于该清零过程不受 CP 的影响，因此是异步清零。当 $\overline{R}$ 端为高电平、$\overline{\mathrm{LD}}$ 为低电平时，计数器在 CP 上升沿到来后将并行置数，即 Q_3、Q_2、Q_1、Q_0 的状态分别等于 D_3、D_2、D_1、D_0 预置的状态。由于该置数过程是与 CP 上升沿同步的，所以为同步置数。当 $\overline{R}$ 端和 $\overline{\mathrm{LD}}$ 端都为高电平时，只要使能端 $\mathrm{CT_P}$ 和 $\mathrm{CT_T}$ 中有一个为 0 状态，则计数器的输出端保持不变，为数据保持状态。当 $\overline{R}$ 端和 $\overline{\mathrm{LD}}$ 端都为高电平时，若使能端 $\mathrm{CT_P}$ 和 $\mathrm{CT_T}$ 都为 1 状态，则在 CP 的作用下计数器将在 0000 至 1111 之间做加法计数，不断循环。

表 8.1.1 74LS161 的功能表

清零	预置	使能		时钟	预置数据输入				输 出				工作模式
$\overline{R}$	$\overline{\mathrm{LD}}$	CT_P	CT_T	CP	D_3	D_2	D_1	D_0	Q_3	Q_2	Q_1	Q_0	
0	×	×	×	×	×	×	×	×	0	0	0	0	异步清零
1	0	×	×	↑	d_3	d_2	d_1	d_0	d_3	d_2	d_1	d_0	同步置数
1	1	0	×	×	×	×	×	×	保持				数据保持
1	1	×	0	×	×	×	×	×	保持				数据保持
1	1	1	1	↑	×	×	×	×	计数				加法计数

用 74LS161 连接成任意模为 M 的计数器的方法包括反馈清零法和同步置数法。这里只考虑 M 不大于 16 且计数状态对应的十进制数不大于 15 的情况；当模 $M>16$ 或者计数状态对应的十进制数大于 15 时，可考虑用多个 74LS161 级联后再构成相应的计数器。反馈清零法是将计数器输出端的特定状态反馈到 $\overline{R}$ 端，使其为低电平，由于 74LS161 是异步清零，因而计数器将立即清零。之后，计数器将在 CP 脉冲的作用下重新从 0000 开始加法计数。同步置数法是将计数器输出端的特定状态反馈到 $\overline{\mathrm{LD}}$ 端，使其为低电平，由于 74LS161 是同步置数，因而等到下一个 CP 上升沿到来时，计数器的 Q_3、Q_2、Q_1、Q_0 端口将分别置数为与 D_3、D_2、D_1、D_0 端口相同的状态。之后，计数器将在 CP 脉冲的作用下从该状态开始加法计数。

下面是用 74LS161 的同步置数法实现模 6 计数器的一个例子。如图 8.1.2 所示，使计数器处于计数状态，并使置数端 D_3、D_2、D_1、D_0 输入 0001，然后把输出端的 Q_2、Q_1 通过一个与非门后反馈至 $\overline{\mathrm{LD}}$ 端。当计数器输出 0110 时，由于 Q_2、Q_1 的状态都为 1，经过与非门后输出 0 电平，反馈至 $\overline{\mathrm{LD}}$ 端。此时，当 CP 的上升沿到来后，计数器置数为 0001，之后电路将重新从 0001 开始加法计数。可见该计数器是在 0001 和 0110 之间进行加法计数的模 6 计数器。

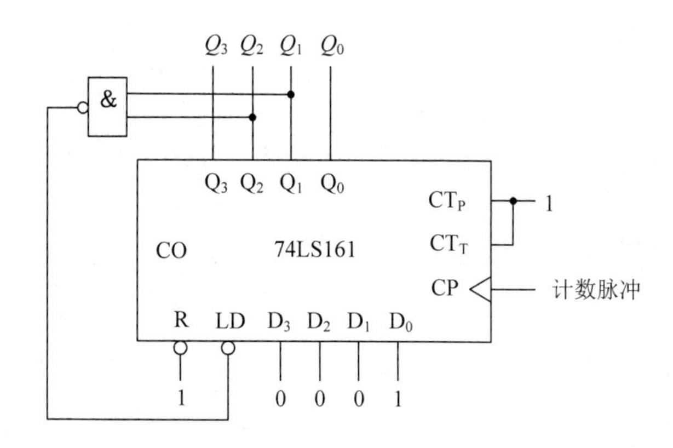

图 8.1.2 用 74LS161 的同步置数法实现模 6 计数器电路

该计数器的状态转移图如图 8.1.3 所示。由于是使用的同步置数法，反馈置数过程是与 CP 保持同步的，因此状态 0110 是稳定状态。

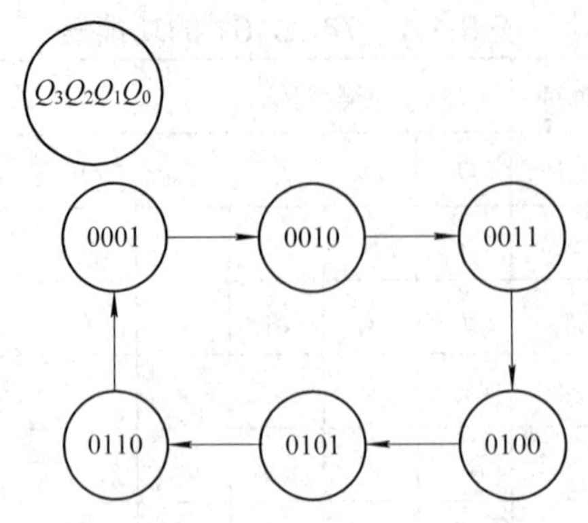

图 8.1.3　模 6 计数器的状态转移图

4. 实验设备及器件

(1) 数字电路实验箱 1 台；

(2) 74LS161 芯片 1 片、74LS00 芯片 1 片；

(3) 导线若干。

5. 实验内容及步骤

1) 用 74LS161 的同步置数法连接成模 6 计数器

(1) 将 74LS161 芯片插入实验箱对应插槽，确保引脚一一对齐。将其 16 号引脚接电源，8 号引脚接地。

(2) 接通实验箱电源。

(3) 验证 74LS161 芯片的功能是否正常。

(4) 按照图 8.1.2 连线，要求能清晰辨认出整个计数器的输入端和输出端。为了便于控制，CP 脉冲也可由手动开关输入。

(5) 测试数码显示管的功能是否正常。

(6) 将 Q_0、Q_1、Q_2、Q_3 4 个端口接入数码显示管的输入端，注意 Q_3 为该 4 位二进制数的最高位。

2) 验证计数器的功能

(1) 在周期性的 CP 脉冲作用下，记录计数器 Q_3、Q_2、Q_1、Q_0 4 个端口的状态，并观察数码显示管的显示情况。

(2) 判断计数器是否在 0001 和 0110 之间做加法计数。计数器应在 0001 和 0110 之间做加法计数，且不断循环。

(3) 对比记录的结果和图 8.1.3 的状态转移图。记录结果应与图 8.1.3 的状态转移图相同。

二、仿真实验

1) 创建电路

(1) 放置实验器件。

用直接查找和拾取元件的方法依次放置 1 个 74LS161 计数器、1 个 74LS00 与非门、1 个

4511 译码器以及 1 个七段数码显示管。然后选择 5 个 LOGICSTATE 器件，用于相关端口的信号输入。在对象栏中单击 Generator 模式，选择 DCLOCK 作为电路的 CP。

Proteus 中用 74LS161 实现模 6 计数器电路所用元件清单如表 8.1.2 所示。

表 8.1.2　用 74LS161 实现模 6 计数器电路所用的 Proteus 元件清单

元件名称	所在大类	所在子类	数量	备　注
LOGICSTATE	Debugging Tools	Logic Stimuli	5	逻辑状态输入
74LS161	TTL 74LS series	Counters	1	4 位二进制加法计数器
74LS00	TTL 74LS series	Gates & Inverters	1	与非门
4511	CMOS 4000 series	Decoders	1	BCD 码–七段码译码器
7SEG-DIGITAL	Optoelectronics	7-Segment Displays	1	七段式数码显示管

(2) 在原理图编辑区按图 8.1.4 连线，建立仿真实验电路。

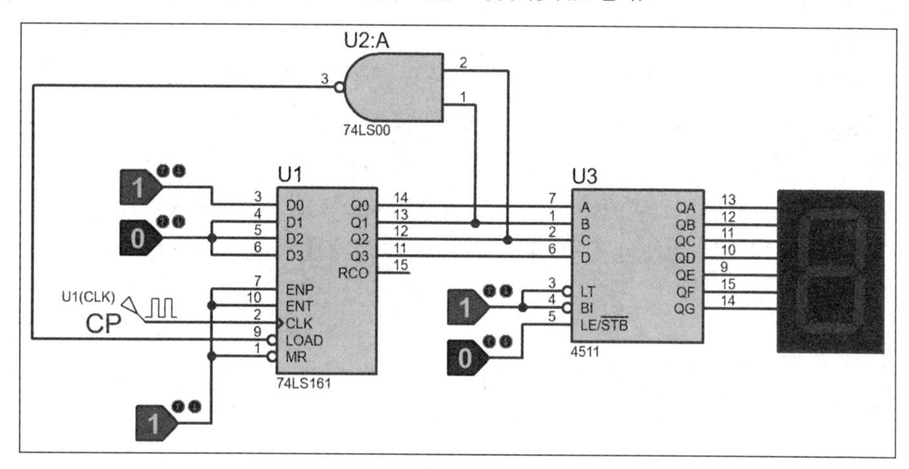

图 8.1.4　Proteus 中用 74LS161 实现模 6 计数器仿真电路

2) 仿真测试

(1) 打开仿真开关。

(2) 观察数码显示管的显示情况。要求理解和掌握用 74LS161 实现模 6 计数器电路的原理，并画出态序表和状态转移图。

实验项目 2　74LS163 功能验证及拓展

一、硬件实验

1. 实验目的

(1) 验证集成同步二进制计数器 74LS163 的功能；

(2) 掌握用 74LS163 实现任意进制计数的方法。

2. 实验预习要求

(1) 复习计数器的工作原理；

(2) 复习用 74LS163 构成任意进制计数器的方法。

3. 实验原理

74LS163 的引线排列和置数、计数、保持等功能都与 74LS161 相同，仅仅是清零功能不同。74LS161 采用异步清零方式，而 74LS163 采用同步清零方式。

74LS163 的逻辑符号如图 8.2.1 所示。其中 D_0、D_1、D_2、D_3 为计数器的置数输入端，Q_0、Q_1、Q_2、Q_3 4 个端口为计数器的输出端。$\overline{R}$ 端为清零端，低电平有效。$\overline{\mathrm{LD}}$ 为置数端，低电平有效。CT_P 和 CT_T 为使能控制端。CP 为计数脉冲输入端。CO 为进位输出端，高电平有效。

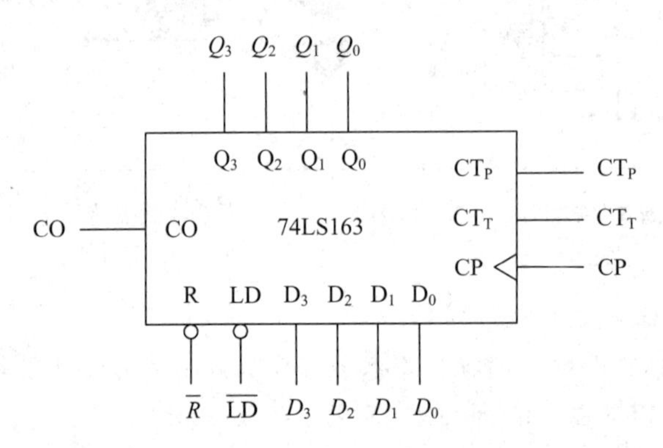

图 8.2.1　74LS163 的逻辑符号

74LS163 的功能表如表 8.2.1 所示。它有 4 种功能：同步清零、同步置数、数据保持和加法计数。当 $\overline{R}$ 端为低电平时，在 CP 的上升沿到来时，计数器的 Q_0、Q_1、Q_2、Q_3 4 个端口的状态都会清零，由于该清零过程跟 CP 同步，因此是同步清零。当 $\overline{R}$ 端为高电平、$\overline{\mathrm{LD}}$ 为低电平时，计数器在 CP 上升沿到来后将并行置数，即 Q_3、Q_2、Q_1、Q_0 的状态将分别等于 D_3、D_2、D_1、D_0 预置的状态。由于该置数过程是与 CP 上升沿同步的，所以为同步置数。当 $\overline{R}$ 端和 $\overline{\mathrm{LD}}$ 端都为高电平时，只要使能端 CT_P 和 CT_T 中有一个为 0 状态，则计数器的输出端保持不变，为数据保持状态。当 $\overline{R}$ 端和 $\overline{\mathrm{LD}}$ 端都为高电平时，若使能端 CT_P 和 CT_T 都为 1 状态，则在 CP 的作用下，计数器将在 0000 至 1111 之间做加法计数，不断循环。

表 8.2.1　74LS163 的功能表

清零	预置	使能		时钟	预置数据输入				输　出				工作模式
$\overline{R}$	$\overline{\mathrm{LD}}$	CT_P	CT_T	CP	D_3	D_2	D_1	D_0	Q_3	Q_2	Q_1	Q_0	
0	×	×	×	↑	×	×	×	×	0	0	0	0	同步清零
1	0	×	×	↑	d_3	d_2	d_1	d_0	d_3	d_2	d_1	d_0	同步置数
1	1	0	×	×	×	×	×	×	保持				数据保持
1	1	×	0	×	×	×	×	×	保持				数据保持
1	1	1	1	↑	×	×	×	×	计数				加法计数

用 74LS163 连接成任意模 M 的计数器的方法包括反馈清零法和同步置数法。这里只考虑 M 不大于 16 且计数状态对应的十进制数不大于 15 的情况；当模 M>16 或者计数状态对应的十进制数大于 15 时，可考虑用多个 74LS163 级联后再构成相应的计数器。反馈清零法是将计数器某些输出端的状态反馈到 $\overline{R}$ 端，使其为低电平，并在 CP 的作用下使计数器清零。由于 74LS163 是同步清零，因而计数器将在 CP 的上升沿到来后清零。之后，计数器将重新从 0000 开始加法计数。同步置数法是将计数器输出端的特定状态反馈到 $\overline{\mathrm{LD}}$ 端，使其为低电平，并在 CP 的作用下使计数器置数。由于 74LS163 是同步置数，因而在 CP 的上升沿到来后，计数器将置数为 D_4、D_3、D_2、D_1 端口的状态。之后，计数器将从该置数状态开始加法计数。

下面是用 74LS163 的反馈清零法实现模 10 计数器的一个例子。如图 8.2.2 所示，计数器处于计数状态。由于 $\overline{\mathrm{LD}}$ 端的输入始终为 1，因此置数端 D_3、D_2、D_1、D_0 输入任意组合都不会影响计数器的状态，例如电路中 D_3、D_2、D_1、D_0 输入 0001，由于置数端无效，这些输入并不会对计数器有任何影响。把输出端的 Q_3、Q_0 通过一个与非门后反馈至 $\overline{R}$ 端，因此当计数器输出 1001 时，由于 Q_3、Q_0 的状态都为 1，经过与非门后输出为 0，反馈至 $\overline{R}$ 端。由于 $\overline{R}$ 端为低电平，当 CP 的上升沿到来后，计数器同步清零，输出状态变为 0000，之后，电路将重新从 0000 开始加法计数。可见该计数器是在 0000 和 1001 之间进行加法计数的模 10 计数器。

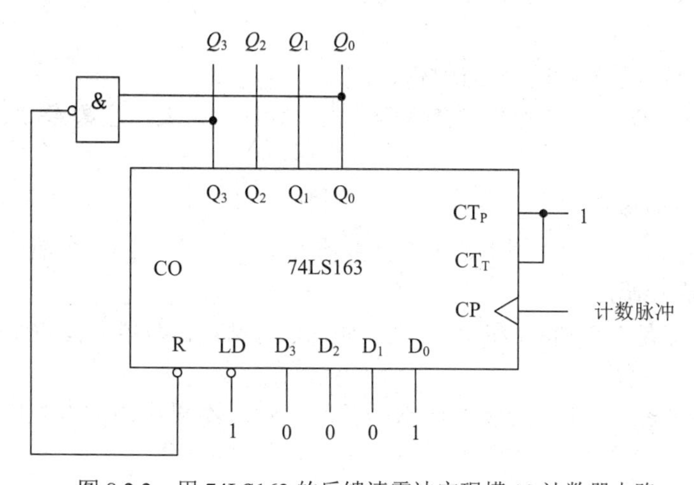

图 8.2.2　用 74LS163 的反馈清零法实现模 10 计数器电路

该计数器的状态转移图如图 8.2.3 所示。由于使用的是反馈清零法，而 74LS163 为同步清零，因此清零过程与 CP 保持同步，状态 1001 是稳定状态。

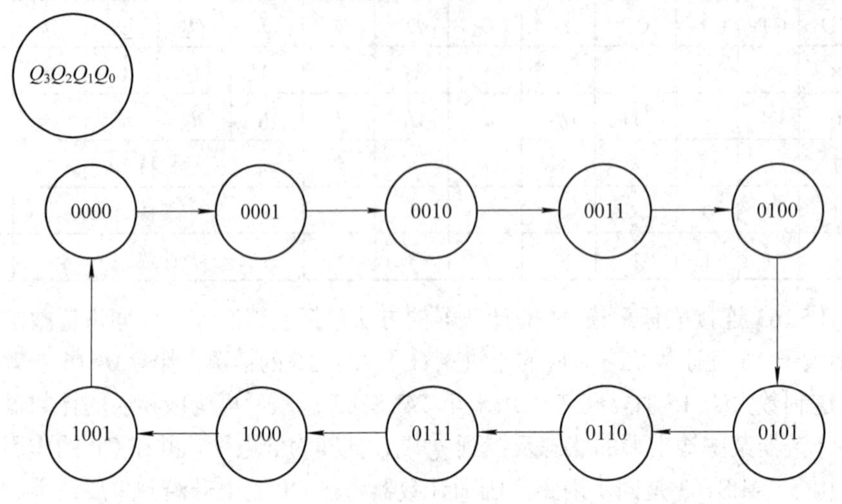

图 8.2.3　模 10 计数器的状态转移图

4. 实验设备及器件

(1) 数字电路实验箱 1 台；

(2) 74LS163 芯片 1 片、74LS00 芯片 1 片；

(3) 导线若干。

5. 实验内容及步骤

1) 用 74LS163 的反馈清零法组成模 10 计数器

(1) 将 74LS163 芯片插入实验箱对应插槽，确保引脚一一对齐。将其 16 号引脚接电源，8 号引脚接地。

(2) 接通实验箱电源。

(3) 验证 74LS163 芯片的功能是否正常。

(4) 按照图 8.2.2 连线。要求能清晰辨认出整个计数器的输入端和输出端。为了便于控制，CP 脉冲也可由手动开关输入。

(5) 测试数码显示管的功能是否正常。

(6) 将 Q_0、Q_1、Q_2、Q_3 4 个端口接入数码显示管的输入端，注意 Q_3 为该 4 位二进制数的最高位。

2) 验证计数器的功能

(1) 在周期性的 CP 脉冲作用下，记录计数器 Q_3、Q_2、Q_1、Q_0 4 个端口的状态，并观察数码显示管的显示情况。

(2) 判断计数器是否在 0000 和 1001 之间做加法计数。计数器应在 0000 和 1001 之间做加法计数，且不断循环。

(3) 对比记录的结果和图 8.2.3 的状态转移图。记录结果应与图 8.2.3 的状态转移图相同。

二、仿真实验

1) 创建电路

(1) 放置实验器件。

用直接查找和拾取元件的方法依次放置 1 个 74LS163 计数器、1 个 74LS00 与非门、1 个 4511 译码器和 1 个七段式数码显示管。然后选择 3 个 LOGICSTATE 器件，用于相关端口的信号输入。在对象栏中单击 Generator 模式 [图标]，选择 DCLOCK 作为电路的 CP。

Proteus 中用 74LS163 实现模 10 计数器电路所用元件清单如表 8.2.2 所示。

表 8.2.2　用 74LS163 实现模 10 计数器电路 Proteus 元件清单

元件名称	所在大类	所在子类	数量	备注
LOGICSTATE	Debugging Tools	Logic Stimuli	3	逻辑状态输入
74LS163	TTL 74LS series	Counters	1	4 位二进制加法计数器
74LS00	TTL 74LS series	Gates & Inverters	1	与非门
4511	CMOS 4000 series	Decoders	1	BCD 码–七段码译码器
7SEG-DIGITAL	Optoelectronics	7-Segment Displays	1	七段式数码显示管

(2) 在原理图编辑区按图 8.2.4 连线，建立仿真实验电路。

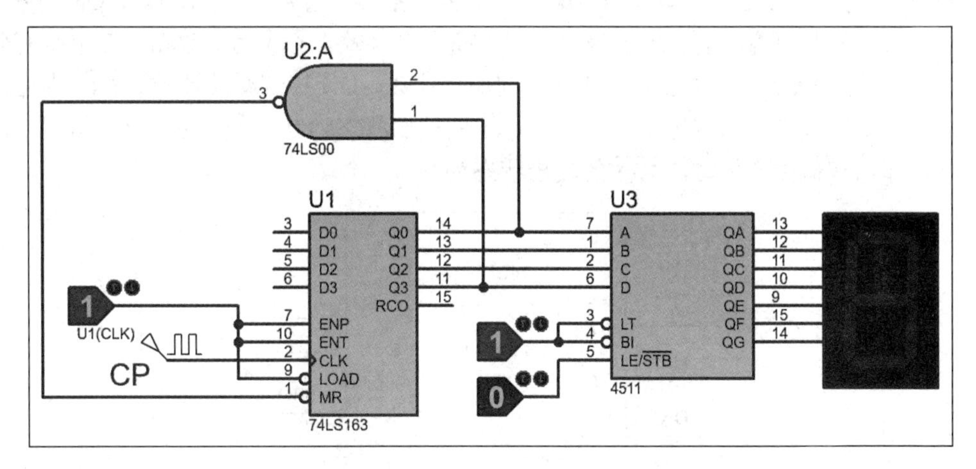

图 8.2.4　Proteus 中用 74LS163 实现模 10 计数器仿真电路

2) 仿真测试

(1) 打开仿真开关。

(2) 观察数码显示管的显示情况。要求理解和掌握用 74LS163 实现模 10 计数器电路的原理，并画出态序表和状态转移图。

实验项目 3　74LS192 功能验证及拓展

一、硬件实验

1. 实验目的

(1) 验证集成可逆计数器 74LS192 的功能；

(2) 掌握用 74LS192 实现任意进制计数的方法。

2. 实验预习要求

(1) 复习可逆计数器的工作原理；

(2) 复习用 74LS192 构成任意进制计数器的方法。

3. 实验原理

可逆计数器是既能做加法计数，又能做减法计数的计数器。常用的可逆计数器有 74LS192 和 74LS193。

74LS192 为双时钟输入十进制(8421BCD 码)同步可逆计数器，计数的模为 10。74LS192 的逻辑符号如图 8.3.1 所示。其中 A、B、C、D 为计数器的置数输入端，Q_A、Q_B、Q_C、Q_D 4 个端口为计数器的输出端。R 端为清零端，高电平有效。$\overline{LD}$ 为置数端，低电平有效。UP 和 DN 为时钟信号输入端，其中 UP 控制加法计数，DN 控制减法计数。$\overline{CO}$ 为进位输出端，低电平有效，即当有进位产生时，$\overline{CO}$ 的输出状态为 0；$\overline{BO}$ 为借位输出端，低电平有效，即当有借位产生时，$\overline{BO}$ 的输出状态为 0。

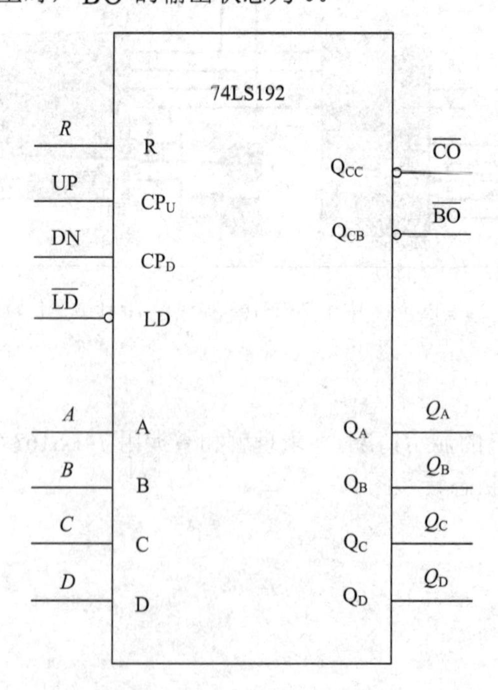

图 8.3.1　74LS192 的逻辑符号

74LS192 的功能表如表 8.3.1 所示。74LS192 有 5 种功能：异步清零、异步置数、加法计数、减法计数和数据保持。当 R 端为高电平时，计数器的 Q_D、Q_C、Q_B、Q_A 4 个端口都会立即清零，由于该清零过程不需要和 CP 同步，因此是异步清零。当 R 端为低电平时，若 $\overline{LD}$ 为低电平，计数器将立即置数，即 Q_D、Q_C、Q_B、Q_A 的状态将分别等于 D、C、B、A 预置的状态。由于该置数过程也不需与 CP 同步，所以为异步置数。当 R 端为低电平、$\overline{LD}$ 端为高电平时，若减法时钟信号 DN 为 1 状态，则计数器将在加法时钟 UP 的上升沿作用下，在 0000 和 1001 之间做加法计数，为加法计数状态；当 R 端为低电平，$\overline{LD}$ 端为高电平时，若加法时钟信号 UP 为 1 状态，则计数器将在减法时钟 DN 的上升沿作用下，在 1001 和 0000 之间做减法计数，为减法计数状态；当 R 端为低电平，$\overline{LD}$ 端为高电平时，若加法时钟信号 UP 和减法时钟信号 DN 都为 1 状态，则计数器的状态将保持不变。

表 8.3.1　74LS192 的功能表

清零	预置	加法时钟	减法时钟	预置数据输入				输出				工作模式
R	$\overline{LD}$	UP	DN	D	C	B	A	Q_D	Q_C	Q_B	Q_A	
1	×	×	×	×	×	×	×	0	0	0	0	异步清零
0	0	×	×	d_3	d_2	d_1	d_0	d_3	d_2	d_1	d_0	异步置数
0	1	↑	1	×	×	×	×	加法计数				加法计数
0	1	1	↑	×	×	×	×	减法计数				减法计数
0	1	1	1	×	×	×	×	保持				数据保持

用 74LS192 连接成任意模 M 的计数器的方法包括反馈清零法和异步置数法。这里只考虑 M 不大于 10 且计数状态对应的十进制数不大于 9 的情况；当模 M>10 或者计数状态对应的十进制数大于 9 时，可考虑用多个 74LS192 级联后再构成相应的计数器。反馈清零法是将计数器输出端的特定状态反馈到 R 端，使其为高电平后计数器立即清零。之后，计数器将重新从 0000 开始进行加法计数或减法计数，取决于 UP 和 DN 的状态。由于 74LS192 是异步清零，反馈清零法中的清零过程不需要等待 CP 的上升沿到来，因此引起反馈清零的状态是不稳定的。这个不稳定状态也称作过渡状态。异步置数法是将计数器输出端的特定状态反馈到 $\overline{LD}$ 端，使其为低电平。由于 74LS192 是异步置数，因而计数器将立即置数为 D、C、B、A 预置的状态，不需要和 CP 同步。之后，计数器将从该置数状态开始进行加法计数或减法计数，取决于 UP 和 DN 的状态。同样，引起异步置数的状态是不稳定的，为过渡状态。

下面是用 74LS192 的异步置数法实现模 7 加法计数器的一个例子。如图 8.3.2 所示，计数器处于加法计数状态，在置数端 D、C、B、A 输入 0010。将 $\overline{CO}$ 的状态直接反馈到 $\overline{LD}$ 端，当计数器状态为 1001 时有进位信号产生，$\overline{CO}$ 的输出状态为 0，可导致 $\overline{LD}$ 端生效，计数器立即置数为 0010。之后，计数器重新从 0010 开始进行加法计数。由于计数器状态为 1001 时立刻置数，故状态 1001 为不稳定状态。该计数器稳定的计数范围为 0010～1000，且在该范围内不断循环地做加法计数，因此为模 7 加法计数器。

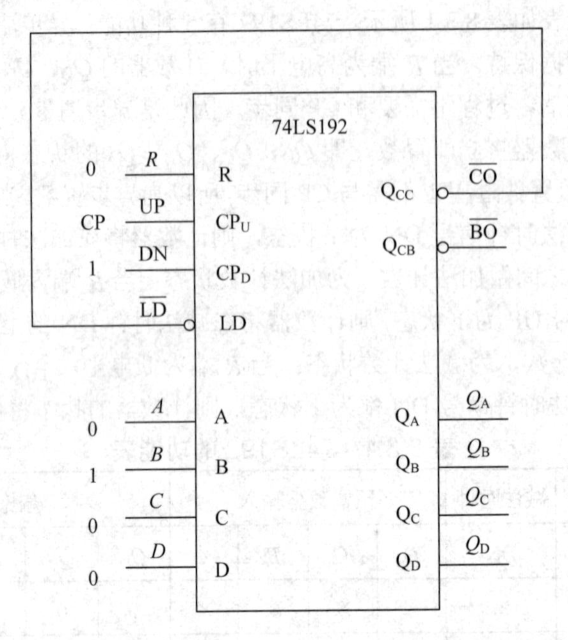

图 8.3.2　用 74LS192 的异步置数法实现模 7 加法计数器的电路

画出用 74LS192 的异步置数法实现模 7 加法计数器的态序表，如图 8.3.3 所示。可见该计数器有 7 个稳定状态和 1 个过渡状态，计数器在 0010～1000 这 7 个稳定状态之间循环做加法计数。其中状态 1001 为过渡状态，即触发器状态为 1001 时不会在该状态停住，而是会立刻跳转到状态 0010。

N	Q_D	Q_C	Q_B	Q_A
0	0	0	1	0
1	0	0	1	1
2	0	1	0	0
3	0	1	0	1
4	0	1	1	0
5	0	1	1	1
6	1	0	0	0
7	1	0	0	1

图 8.3.3　用 74LS192 的异步置数法实现模 7 加法计数器的态序表

4. 实验设备及器件

(1) 数字电路实验箱 1 台；

(2) 74LS192 芯片 1 片；

(3) 导线若干。

5. 实验内容及步骤

1) 用 74LS192 的异步置数法组成模 7 加法计数器

(1) 将 74LS192 芯片插入实验箱对应插槽，并确保引脚一一对齐。将其 16 号引脚接电源，8 号引脚接地。

(2) 接通实验箱电源。

(3) 验证 74LS192 芯片的功能是否正常。

(4) 按照图 8.3.2 连线，要求能清晰辨认出整个计数器的输入端和输出端。为了便于控制，CP 脉冲也可由手动开关输入。

(5) 测试数码显示管的功能是否正常。

(6) 将 Q_D、Q_C、Q_B、Q_A 4 个端口接入数码显示管的输入端，注意 Q_D 为该 4 位二进制数的最高位。

2) 验证计数器的功能

(1) 在周期性的 CP 脉冲作用下，记录计数器 Q_D、Q_C、Q_B、Q_A 4 个端口的状态，并观察数码显示管的显示情况。

(2) 判断计数器是否在 0010 和 1000 之间做加法计数，并观察过渡状态 1001。计数器应在 0010 和 1000 之间做加法计数，计数过程不断循环。状态 1001 为过渡状态，转瞬即逝，之后计数器的状态变为 0010。

(3) 对比记录的结果和图 8.3.3 的态序表。记录结果应与图 8.3.3 的态序表相同。

二、仿真实验

1) 创建电路

(1) 放置实验器件。

用直接查找和拾取元件的方法依次放置 1 个 74LS192 计数器、1 个 4511 译码器和 1 个七段式数码显示管。然后选择 5 个 LOGICSTATE 器件，用于相关端口的信号输入。在对象栏中单击 Generator 模式 ，选择 DCLOCK 作为电路的 CP。

Proteus 中用 74LS192 实现模 7 加法计数器电路所用的元件清单如表 8.3.2 所示。

表 8.3.2　用 74LS192 实现模 7 加法计数器电路所用的 Proteus 元件清单

元件名称	所在大类	所在子类	数量	备　注
LOGICSTATE	Debugging Tools	Logic Stimuli	5	逻辑状态输入
74LS192	TTL 74LS series	Counter	1	同步十进制可逆计数器
4511	CMOS 4000 series	Decoders	1	BCD 码–七段码译码器
7SEG-DIGITAL	Optoelectronics	7-Segment Displays	1	七段式数码显示管

(2) 在原理图编辑区按图 8.3.4 连线，建立仿真实验电路。

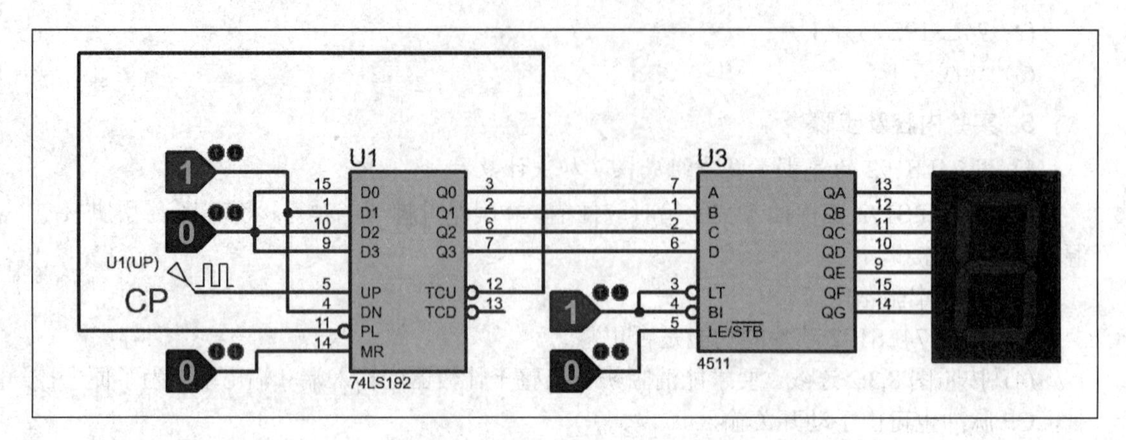

图 8.3.4 Proteus 中用 74LS192 实现模 7 加法计数器仿真电路

2) 仿真测试

(1) 打开仿真开关。

(2) 观察数码显示管的显示情况。要求理解和掌握用 74LS192 实现模 7 加法计数器电路的原理，并画出态序表和状态转移图。

实验项目 4　74LS193 功能验证及拓展

一、硬件实验

1. 实验目的

(1) 验证集成可逆计数器 74LS193 的功能；

(2) 掌握用 74LS193 实现任意进制计数的方法。

2. 实验预习要求

(1) 复习可逆计数器的工作原理；

(2) 复习用 74LS193 构成任意进制计数器的方法。

3. 实验原理

74LS193 与 74LS192 都是双时钟输入 4 位二进制同步可逆计数器。它们的逻辑符号和芯片引脚图完全相同。与 74LS192 不同的是，74LS193 计数的模为 16，而 74LS192 计数的模为 10。

74LS193 的逻辑符号如图 8.4.1 所示。其中 A、B、C、D 为计数器的置数输入端，Q_A、Q_B、Q_C、Q_D 4 个端口为计数器的输出端。R 端为清零端，高电平有效。$\overline{LD}$ 为置数端，低电平有效。UP 和 DN 为时钟信号输入端，其中 UP 控制加法计数，DN 控制减法计数。$\overline{CO}$ 为进位输出端，低电平有效，即当有进位产生时，$\overline{CO}$ 的输出状态为 0；$\overline{BO}$ 为借位输出端，低电平有效，即当有借位产生时，$\overline{BO}$ 的输出状态为 0。

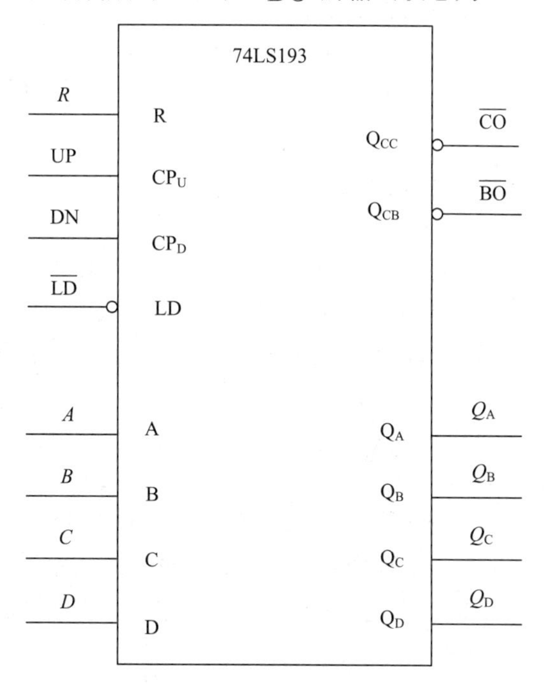

图 8.4.1　74LS193 的逻辑符号

74LS193 的功能表如表 8.4.1 所示，除了计数的模不同外，它和 74LS192 的功能表是完全相同的。74LS193 有 5 种功能：异步清零、异步置数、加法计数、减法计数和数据保持。当 R 端为高电平时，计数器的 Q_D、Q_C、Q_B、Q_A 4 个端口都会立即清零，由于该清零过程不需要和 CP 同步，因此是异步清零。当 R 端为低电平时，若 $\overline{LD}$ 为低电平，计数器将立即置数，即 Q_D、Q_C、Q_B、Q_A 的状态将分别等于 D、C、B、A 预置的状态。由于该置数过程也不需与 CP 同步，所以为异步置数。当 R 端为低电平，$\overline{LD}$ 端为高电平时，若减法时钟信号 DN 为 1 状态，则计数器将在加法时钟 UP 的上升沿作用下，在 0000 和 1111 之间做加法计数，为加法计数状态；当 R 端为低电平、$\overline{LD}$ 端为高电平时，若加法时钟信号 UP 为 1 状态，则计数器将在减法时钟 DN 的上升沿作用下，在 1111 和 0000 之间做减法计数，为减法计数状态；当 R 端为低电平、$\overline{LD}$ 端为高电平时，若加法时钟信号 UP 和减法时钟信号 DN 都为 1 状态，则计数器的状态将保持不变。

表 8.4.1　74LS193 的功能表

清零	预置	加法时钟	减法时钟	预置数据输入				输　出				工作模式
R	$\overline{LD}$	UP	DN	D	C	B	A	Q_D	Q_C	Q_B	Q_A	
1	×	×	×	×	×	×	×	0	0	0	0	异步清零
0	0	×	×	d_3	d_2	d_1	d_0	d_3	d_2	d_1	d_0	异步置数
0	1	↑	1	×	×	×	×	加法计数				加法计数
0	1	1	↑	×	×	×	×	减法计数				减法计数
0	1	1	1	×	×	×	×	保持				数据保持

用 74LS193 连接成任意模 M 的计数器的方法包括反馈清零法和异步置数法。这里只考虑 M 不大于 16 且计数状态对应的十进制数不大于 15 的情况；当模 M>16 或者计数状态对应的十进制数大于 15 时，可考虑用多个 74LS193 级联后再构成相应的计数器。反馈清零法是将计数器输出端的特定状态反馈到 R 端，使其为高电平，由于 74LS193 是异步清零，因而此时计数器将立即清零，不需要等待 CP 的上升沿到来。之后，计数器将重新从 0000 开始加法计数或减法计数，取决于 UP 和 DN 的状态。异步置数法是将计数器输出端的特定状态反馈到 $\overline{LD}$ 端，使其为低电平，由于 74LS193 是异步置数，因而计数器将立即置数为 D、C、B、A 端口预置的状态，不需要和 CP 同步。之后，计数器将从该置数状态开始加法计数或减法计数，取决于 UP 和 DN 的状态。

下面是用 74LS193 的异步置数法实现模 8 减法计数器的一个例子，计数范围为 1000～0001。如图 8.4.2 所示，计数器处于减法计数状态，在置数端 D、C、B、A 输入 1000。将 $\overline{BO}$ 的状态直接反馈到 $\overline{LD}$ 端，当计数器状态为 0000 时有借位产生，$\overline{BO}$ 的输出状态为 0，可导致 $\overline{LD}$ 端生效，计数器立即置数为 1000。之后，计数器重新从 1000 开始进行减法计数。由于计数器状态为 0000 时立即置数，故状态 0000 为不稳定状态。该计数器稳定的计数范围为 1000～0001，且在该范围内不断循环地做减法计数，因此为模 8 减法计数器。

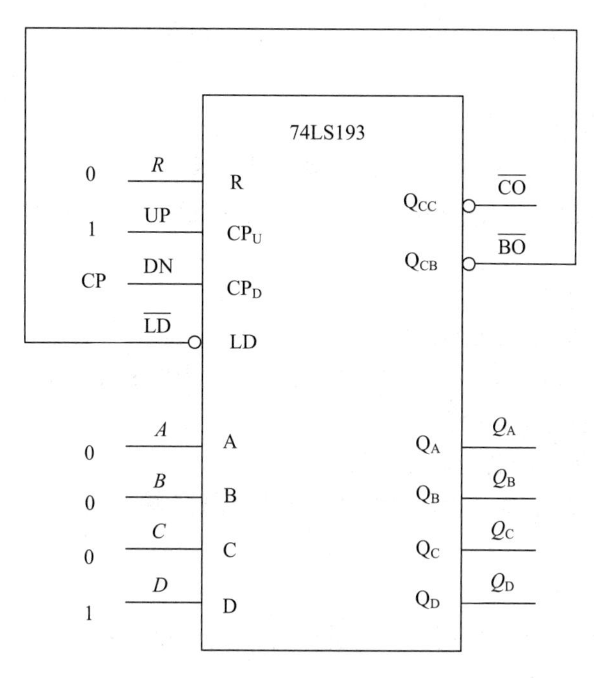

图 8.4.2　用 74LS193 的异步置数法实现模 8 减法计数器的电路

画出用 74LS193 的异步置数法实现模 8 减法计数器的态序表，如图 8.4.3 所示。可见该计数器有 8 个稳定状态和 1 个过渡状态，计数器在 1000～0001 这 8 个稳定状态之间循环做减法计数。其中状态 0000 为过渡状态，即触发器状态为 0000 时不会在该状态停住，而是会立刻跳转到状态 1000。

N	Q_D	Q_C	Q_B	Q_A
0	1	0	0	0
1	0	1	1	1
2	0	1	1	0
3	0	1	0	1
4	0	1	0	0
5	0	0	1	1
6	0	0	1	0
7	0	0	0	1
8	0	0	0	0

图 8.4.3　用 74LS193 的异步置数法实现模 8 减法计数器的态序表

4. 实验设备及器件

(1) 数字电路实验箱 1 台；

(2) 74LS193 芯片 1 片；

(3) 导线若干。

5. 实验内容及步骤

1) 用 74LS193 的异步置数法组成模 8 减法计数器

(1) 将 74LS193 芯片插入实验箱对应插槽，并确保引脚一一对齐。将其 16 号引脚接电源，8 号引脚接地。

(2) 接通实验箱电源。

(3) 验证 74LS193 芯片的功能是否正常。

(4) 按照图 8.4.2 连线，要求能清晰辨认出整个计数器的输入端和输出端。为了便于控制，CP 脉冲也可由手动开关输入。

(5) 测试数码显示管的功能是否正常。

(6) 将 Q_D、Q_C、Q_B、Q_A 4 个端口接入数码显示管的输入端，注意 Q_D 为该 4 位二进制数的最高位。

2) 验证计数器的功能

(1) 在周期性的 CP 脉冲作用下，记录计数器 Q_D、Q_C、Q_B、Q_A 4 个端口的状态，并观察数码显示管的显示情况。

(2) 判断计数器是否在 1000 和 0001 之间做减法计数，并观察过渡状态 0000。计数器应在 1000 和 0001 之间做减法计数，计数过程不断循环。状态 0000 为过渡状态，转瞬即逝，之后计数器的状态变为 1000。

(3) 对比记录的结果和图 8.4.3 的态序表。记录结果应与图 8.4.3 的态序表相同。

二、仿真实验

1) 创建电路

(1) 放置实验器件。

用直接查找和拾取元件的方法依次放置 1 个 74LS193 计数器、1 个 4511 译码器和 1 个七段式数码显示管。然后选择 5 个 LOGICSTATE 器件，用于端口的信号输入。在对象栏中单击 Generator 模式 ，选择 DCLOCK 作为电路的 CP。

Proteus 中用 74LS193 实现模 8 减法计数器电路所用的元件清单如表 8.4.2 所示。

表 8.4.2 用 74LS193 实现模 8 减法计数器电路的 Proteus 元件清单

元件名称	所在大类	所在子类	数量	备　注
LOGICSTATE	Debugging Tools	Logic Stimuli	5	逻辑状态输入
74LS193	TTL 74LS series	Counters	1	同步4位二进制可逆计数器
4511	CMOS 4000 series	Decoders	1	BCD 码-七段码译码器
7SEG-DIGITAL	Optoelectronics	7-Segment Displays	1	七段式数码显示管

(2) 在原理图编辑区按图 8.4.4 连线，建立仿真实验电路。

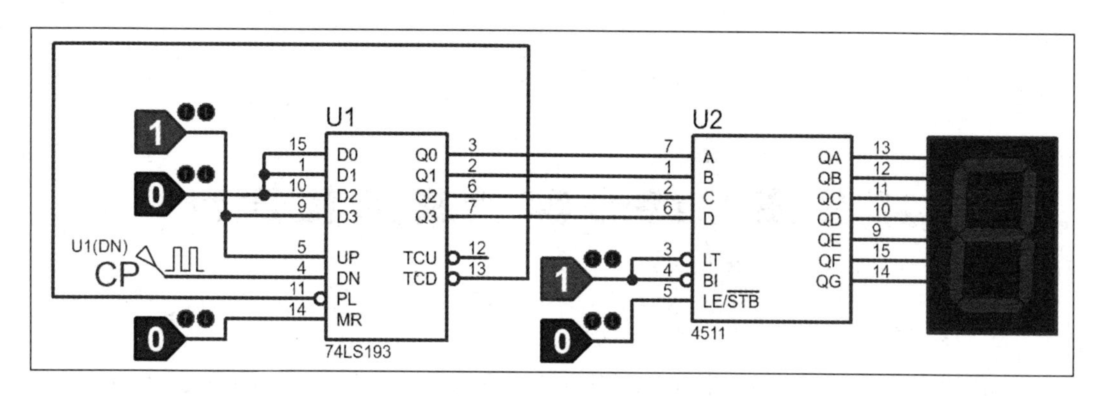

图 8.4.4　Proteus 中用 74LS193 实现模 8 减法计数器的仿真电路

2) 仿真测试

(1) 打开仿真开关。

(2) 观察数码显示管的显示情况。要求理解和掌握用 74LS193 实现模 8 减法计数器电路的原理，并画出态序表和状态转移图。

第 9 章　综合实验及课程设计

本章的基本任务是培养学生综合运用所学理论知识解决实际问题的能力，包括观察能力、分析问题的能力和动手实践的能力等。该课程设计的目的是对学生在数字集成电路应用方面的实践技能和综合能力进行考察。将学生分成若干小组，按组独立开展实验。各组人员可分别通过设计图纸、上网查找资料以及撰写报告等过程来提高逻辑思维能力与实际动手能力，从而应用所学知识解决问题。

实验项目 1　设计一个可灵活预置时间的倒计时电路

1. 实验目的

(1) 掌握数字逻辑电路的设计与测试方法，熟悉常用数字集成电路的使用；

(2) 训练综合运用数字电路基本知识设计、调试电路的能力；

(3) 进行电路的安装、调试，直到电路能达到规定的设计目标；

(4) 熟悉电路中所用到的各集成块的引脚及其功能，熟悉集成电路的引脚安排；

(5) 掌握集成同步可逆计数器的使用方法和特殊要求；

(6) 掌握集成同步可逆计数器的级联方法，掌握任意 N 进制减法计数器的设计方法；

(7) 掌握多位 LED 七段数码管的显示方法和集成七段数码管译码器的使用方法；

(8) 熟练使用 Proteus 应用软件进行任意 N 进制减法计数器电路的绘制、仿真和调试的方法。

2. 实验预习要求

(1) 预习有关门电路的相关知识；

(2) 预习有关集成同步可逆计数器 74LS192 的相关知识；

(3) 预习有关多位 LED 七段数码管和集成七段数码管译码器 74LS47 的相关知识；

(4) 预习使用 Proteus 应用软件进行电路的绘制、仿真和调试等相关内容。

3. 实验设备及器件

(1) 数字电路实验箱 1 台；

(2) 门电路(自选)；

(3) 集成同步可逆计数器 74LS192(建议)；

(4) 集成 LED 七段数码管译码器 74LS47；

(5) LED 七段数码管。

4. 实验任务

1) 设计并完成可预置的定时显示报警系统

定时电路是脉冲数字电路的简单应用，主要由计数器和振荡器组成。它所完成的中途计时功能，实现了在许多的特定场合进行时间即时追踪的功能，在实际生活中也具有广泛的应用价值，如用于体育比赛、定时报警器、游戏中的倒计时器、交通信号灯等。

2) 设计任务与要求

(1) 用中、小规模集成电路设计并完成一个可灵活预置时间的计时电路，设置的时间为 0～99 s 中的任意值。它具有显示秒倒计时功能，能准确地预置和清零。

(2) 计时电路的外部操作开关有复位清零开关、启动(继续)/暂停计时开关、预置定时时间开关。这些开关能分别控制计时电路的直接清零、启动(继续)/暂停计时、预置定时时间。

(3) 要求计时电路递减计时，即每隔 1 秒，计时器减 1。

(4) 当计时器递减时间到零(即定时时间到)时，数码显示器显示“00”，同时发出光电报警信号。

注：可利用实验箱上提供的脉冲，但脉冲的加入应实现可控。

参考方案如图 9.1.1 所示。

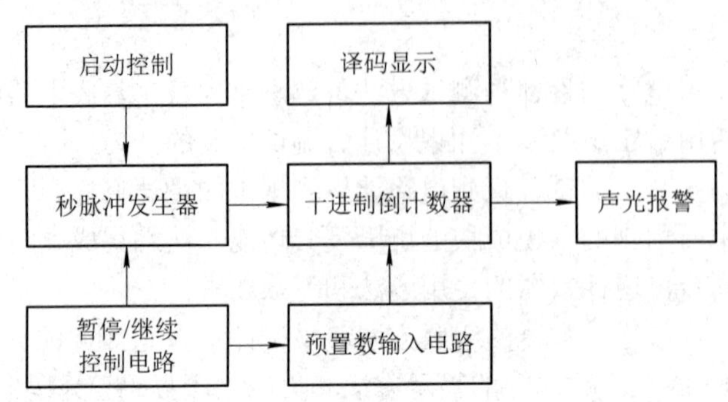

图 9.1.1　可灵活预置时间的倒计时电路系统组成框图

5. 实验内容与步骤

(1) 设计整体电路，用 Proteus 画出电路原理图，并在 Proteus 上做仿真实验。

(2) 分块调试电路，并记录参数。

① 先只做一位数倒计时的控制。

② 停零(用门电路控制自动控制脉冲 CP)，报警亮灯。

③ 暂停(手工操作，用门电路控制脉冲 CP)。

④ 清零和预置(手工操作)。

(3) 总装调试电路，测试电路的功能。

实验项目 2　智力竞赛抢答器

抢答器在现实生活中很常见，主要用于各类竞赛中。在竞赛中，参赛的几组针对主持人提出的问题，各组一般要进行抢答。对于抢答来说，主要是判定哪组先按键。为了公正，就要有一种逻辑电路抢答器，以进行裁判。抢答器的作用是从若干名竞赛者中确定出最先的抢答者，并要求竞赛者在规定的时间内回答完问题。

抢答器由主体电路与相关扩展电路组成。其中主体电路将竞赛者的输入信号在显示器上输出，并通过控制电路启动报警电路。抢答器具有数据锁存和显示功能。抢答开始后，若有竞赛者按动按钮，其编号立即锁存，并在数码管上显示竞赛者的编号，且扬声器给出声音提示。同时，抢答器的输入电路被封锁，禁止其他竞赛者抢答。最先抢答的竞赛者的编号一直保持到主持人将系统清零为止。

1. 实验目的

(1) 掌握数字逻辑电路的设计与测试方法，熟悉常用数字集成电路的使用；

(2) 训练综合运用数字电路基本知识设计、调试电路的能力；

(3) 学习数字电路中触发器、分频电路、多谐振荡器、CP 时钟脉冲源等单元电路的综合运用；

(4) 熟悉电路中所用到的各集成块的引脚及其功能，熟悉集成电路的引脚安排；

(5) 熟悉智力竞赛抢答器的工作原理；

(6) 学习用实验的方法来完善理论设计以及用实验的方法确定某些电路参数；

(7) 进行电路的安装、调试，直到电路能达到规定的设计目标；

(8) 了解简单数字系统实验、调试及故障排除方法；

(9) 继续掌握逐级分部的调试方法；

(10) 熟练使用 Proteus 应用软件进行任意 N 进制减法计数器电路的绘制、仿真和调试的方法。

2. 实验预习要求

(1) 复习有关门电路的相关知识；

(2) 复习有关集成触发器的相关知识；

(3) 复习有关多位 LED 七段数码管和集成七段数码管译码器的相关知识；

(4) 复习使用 Proteus 应用软件进行电路的绘制、仿真和调试等相关内容。

3. 实验设备及器件

(1) 数字电路实验箱 1 台；

(2) 门电路和集成触发器(自选)；

(3) 集成同步可逆计数器；

(4) 集成 LED 七段数码管译码器；

(5) LED 七段数码管；

(6) 直流电源(+5 V)；

(7) 数字频率计；

(8) 双踪示波器；

(9) 直流数字电压表；

(10) 导线若干。

4. 实验任务

1) 设计任务及具体要求

设计一台可供 4 名竞赛者参加比赛的智力竞赛抢答器，用以判断抢答优先权。

2) 具体要求

(1) 竞赛主持人设置一个控制按钮，用来控制系统清零和抢答的开始。主持人宣布“抢答开始”，电路复位，定时抢答计时器开始倒计时，定时显示器显示倒计时时间。若 30 s 内无人抢答，蜂鸣器发出报警声，取消抢答权。超时后禁止竞赛者抢答，时间显示器显示“0”。

(2) 4 名竞赛者编号分别为 1、2、3、4。每名竞赛者有一个抢答按钮，按钮编号与竞赛者的编号对应，也分别为 1、2、3、4。竞赛者抢答时按下抢答键，若在有效抢答时间内抢答成功，抢答显示器上显示竞赛者的编号。同时，定时器停止倒计时，显示剩余抢答时间，并发出声响。此时其他 3 人按动按钮对电路不起作用。

(3) 电路具有控制回答问题时间的功能。要求回答问题的时间小于 100 s(显示为 0～99)，且时间显示采用倒计时的方式。当达到限定时间时，发出声响以示警告。

5. 总体方案设计和设计思路

(1) 抢答电路是智力竞赛抢答器的核心。该电路完成以下功能：

① 主持人将控制开关拨到“开始”位置时，扬声器发声，抢答电路和定时电路进入正常抢答工作状态。

② 分辨出选手按键的先后，并锁存优先抢答者的编号，同时译码显示电路显示编号。

③ 抢答成功后，其他竞赛者按键操作无效。

(2) 清零装置供比赛开始前裁判员使用。它能保证比赛前触发器统一清零，避免电路的误动作和抢答过程的不公平。

(3) 显示、声响电路是在比赛开始后，当某一竞赛者按下抢答器开关时，触发器接受该信号，在封锁其他抢答信号的同时，使该路的发光二极管发出亮光，蜂鸣器发出声响，以引起人们的注意。当竞赛者按动抢答键时，扬声器发声，抢答电路和定时电路停止工作。当设定的抢答时间到，无人抢答时，扬声器发声，同时抢答电路和定时电路停止工作。

(4) 计时、显示、报警电路是对竞赛者回答问题时间进行控制的电路。节目主持人通过按复位键来进行抢答倒计时。通过预置时间电路对计数器进行预置，计数器的时钟脉冲由秒脉冲电路提供。若规定回答的时间小于 100 s(显示为 0～99)，那么显示装置应该是一个 2 位十进制数字显示的计数系统。当竞赛者按下抢答器抢答成功之后，报警器发出警报。

(5) 抢答控制器由 4 个开关组成。4 名竞赛者各控制一个，拨动开关使相应控制端的信号为高电平或低电平。

(6) 振荡电路提供抢答器、计时系统和声响电路工作的控制脉冲。

参考方案如图 9.2.1 所示。

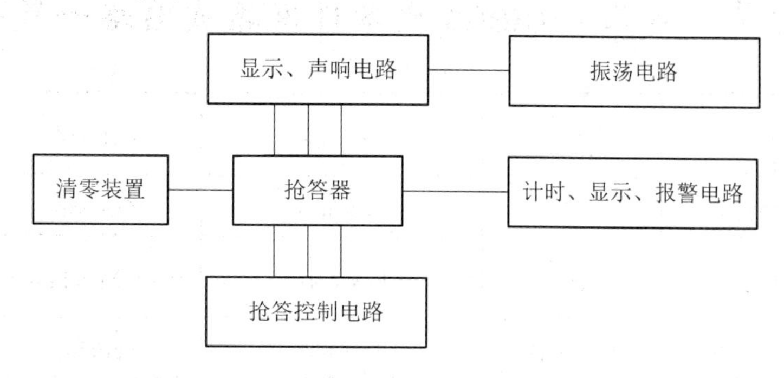

图 9.2.1　智力竞赛抢答计时器系统组成框图

6. 实验内容与步骤

(1) 设计整体电路，用 Proteus 画出电路原理图，并在 Proteus 上做仿真实验。

(2) 测试各触发器及各逻辑门的逻辑功能。

(3) 按电路图接线，抢答器开关接实验装置上的逻辑开关，发光二极管接逻辑电平显示器。

(4) 分块调试电路，并记录参数。

(5) 总装后调试电路，测试抢答器电路的功能。

附录 常用 Proteus 元器件及集成电路一览表

中文名称	元件名称	Proteus 中的元件名称	所在大类	所在子类	备注
电阻	电阻器	RES	Resistors	Generic	普通电阻
	电阻器	RES	Resistors	0.6W Metal Film	0.6 W 金属膜电阻
	可变电阻器	POT-HG	Resistors	Variable	可变电阻器
电容	电容器	CAP	Capactitors	Generic	普通电容
	电解电容器	CAP-ELEC	Capactitors	Generic	普通电容
	电解电容器	CAP-ACITOR	Capactitors	Animated	可显示充放电电荷电容
电感	电感器	INDUCTOR	Inductors	Generic	普通电感
		TRAN-2P2S	Inductors	Transformers	变压器
电池	电池组	BATTERY	Miscellaneose	—	—
	单电池	CELL	Miscellaneose	—	—
电机	电机	motor	Electromechanical	—	—
开关	单刀单掷开关	SW-SPST	Switches & Relays	Switches	—
	单刀双掷开关	SW-SPDT	Switches & Relays	Switches	—
声响	喇叭	SPEAKER	Speakers & Sounders	—	—
	蜂鸣器	Buzzer	Speakers & Sounders	—	—
二极管	二极管	DIODE	Diodes	Generic	普通二极管
		1N4148	Diodes	Switching	开关二极管
		1N4001	Diodes	Rectifier	整流二极管
	发光二极管	LED	Optoelectronics	LEDs	有不同颜色可选
三极管	三极管	NPN	transistors	Generic	普通三极管
集成电路	集成时基电路	NE555	Analog Ics	Timers	—
	集成电路	ADC0808	Data Converters	A/D Converters	—
	集成电路	DAC0832	Data Converters	A/D Converters	—
	运算放大器	UA741	Operational Amplifiers	Single	—

续表一

中文名称	元件名称	Proteus 中的元件名称	所在大类	所在子类	备注
门电路	四 2 输入与非门	74LS00	TTL 74LS series	Gates & Inverters	—
	四 2 输入或非门	74LS02	TTL 74LS series	Gates & Inverters	—
	六反相器	74LS04	TTL 74LS series	Gates & Inverters	—
	四 2 输入与门	74LS08	TTL 74LS series	Gates & Inverters	—
门电路	双四输入与非门	74LS20	TTL 74LS series	Gates & Inverters	—
	或门	74LS32	TTL 74LS series	Gates & Inverters	—
	异或门	74LS86	TTL 74LS series	Gates & Inverters	—
编码器	8—3 线优先编码器	74LS148	TTL 74LS series	Encoders	—
译码器	3—8 线译码器	74LS138	TTL 74LS series	Decoders	—
	BCD 码—七段数码译码器	4511	CMOS 4000 series	Decoders	—
选择器	双 4 选 1 选择器	74LS153	TTL 74LS series	Multiplexer	—
	8 选 1 选择器	74151	TTL 74LS series	Multiplexer	—
全加器	超前进位加法器	74LS238	TTL 74LS series	Adders	—
数码管	七段数码管	7SEG-BCD	Optoelectronics	7-Segment Displays	—
	七段式数码显示管	7SEG-DIGITAL	Optoelectronics	7-Segment Displays	—
触发器	D 触发器	74LS74	TTL 74LS series	Gates & Inverters	—
	双 JK 触发器	74LS112	TTL 74LS series	Gates & Inverters	—
集成计数器	4 位二进制同步加法计数器	74LS161	TTL 74LS series	Counters	—
	4 位二进制同步加法计数器	74LS163	TTL 74LS series	Counters	—
	同步十进制可逆计数器	74LS192	TTL 74LS series	Counters	—
	同步 4 位二进制可逆计数器	74LS193	TTL 74LS series	Counters	—

续表二

中文名称	元件名称	Proteus 中的元件名称	所在大类	所在子类	备注
逻辑电平输入输出	逻辑电平探测器	LOGICPROBE	Debugging Tools	Logic Probe	逻辑电平探测器，用来显示连接位置的逻辑状态
	逻辑电平探测器	LOGICPROBE(BIG)	Debugging Tools	Logic Probe	
	逻辑状态输入	LOGICSTATE	Debugging Tools	Logic Stimuli	用鼠标单击逻辑状态元件，可改变方框连接位置的逻辑状态
终端模式	电源	POWER	—	—	—
	地	GROUND	—	—	—

参 考 文 献

[1] 侯建军. 数字电子技术基础[M]. 3 版. 北京：高等教育出版社，2016.
[2] 江晓安. 周慧鑫. 数字电子技术[M]. 3 版. 西安：西安电子科技大学出版社，2018.
[3] 朱清慧. Proteus 电子技术虚拟实验室[M]. 北京：中国水利水电出版社，2010.
[4] 侯建军. 电子技术基础实验、综合设计实验与课程设计[M]. 北京：高等教育出版社，2007.
[5] 朱清慧，李定珍. 基于 Proteus 的数字电路分析与设计[M]. 西安：西安电子科技大学出版社，2016.
[6] 闫石. 数字电子技术基础[M]. 6 版. 北京：高等教育出版社，2016.
[7] 刘德全. Proteus8：电子线路设计与仿真[M]. 2 版. 北京：清华大学出版社，2017.
[8] 白中英. 数字逻辑与数字系统 [M]. 4 版. 北京：科学出版社，2007.
[8] 侯伯亨，顾新. VHDL 硬件描述语言与数字逻辑电路设计[M]. 修订版. 西安：西安电子科技大学出版社，2005.
[9] WAKERLY J F. 数字设计：原理与实践(Digital Design Principles & Practices) [M]. 3 版. 林生，等译. 北京：高等教育出版社，2008.
[10] 邓元庆，贾鹏，石会. 数字电路与系统设计[M]. 3 版. 西安：西安电子科技大学出版社，2016.
[11] 潘永雄，胡敏强. 数字电子技术[M]. 西安：西安电子科技大学出版社，2020.
[12] THOMAS，FLOYD L. 数字电子技术 (Digital Fundamentals，Eleventh Edition) [M]. 11 版. 余璆，熊洁，译. 北京：电子工业出版社，2019.
[13] 范爱平，周常森. 数字电子技术基础[M]. 北京：清华大学出版社，2008.